酒体设计
实战技术精华

张金修 ——

著

化学工业出版社

·北京·

本书主要介绍了白酒的类型和流派、影响白酒风格的因素、白酒风味物质的产生及异杂味的防控措施、白酒中微量成分对酒体风格的影响、品评与酒体设计的关系、白酒勾调技术、酒体设计的思路和方法、新型白酒的酒体设计与勾调技术、中国传统白酒酿造技艺口诀等。

本书可供白酒生产企业研发技术人员、大中专院校和科研院所的教学科研人员参考。

图书在版编目（CIP）数据

酒体设计实战技术精华/张金修著 . — 北京：化学工业出版社，2020.6（2024.6重印）
ISBN 978-7-122-36639-9

Ⅰ.①酒…　Ⅱ.①张…　Ⅲ.①白酒-酿造　Ⅳ.①TS262.3

中国版本图书馆 CIP 数据核字（2020）第 075542 号

责任编辑：彭爱铭　　　　　　　　　　　　装帧设计：史利平
责任校对：宋　夏

出版发行：化学工业出版社（北京市东城区青年湖南街 13 号　邮政编码 100011）
印　　装：北京科印技术咨询服务有限公司数码印刷分部
710mm×1000mm　1/16　印张 14¹/₂　字数 175 千字　2024 年 6 月北京第 1 版第 2 次印刷

购书咨询：010-64518888　　　　　　　　售后服务：010-64518899
网　　址：http://www.cip.com.cn
凡购买本书，如有缺损质量问题，本社销售中心负责调换。

定　　价：88.00 元　　　　　　　　　　　　　　版权所有　违者必究

序
一

　　《酒体设计实战技术精华》是我的关门弟子、著名酿酒专家张金修先生的个人专著。

　　他出身于酿酒世家，勤奋好学，从事白酒生产技术的研究与应用达30多年，在制曲、原料选择、工艺控制、窖池养护、勾调及储存等环节不断实践，撰写了多篇白酒技术方面的论文，为多家酒企提供技术服务，荣获2017工匠中国年度"十大人物"、2018工匠中国年度"酿酒国匠"等荣誉。他跳出中国白酒的圈子，以国际化的视野来创新和发展中国的白酒。他从中国白酒的传统中汲取营养却又勇于创新，看待问题的角度和处理方法独特，甚至有点离经叛道，有酒界"怪才"之称。

　　他根据自己多年工作经验和家传秘方，以及近几年的培训经验进行提炼总结，撰写了本书。他在书中分享了多年的实战经验，涉及白酒风味物质的产生和异杂味的防控措施，白酒微量成分对风味的作用和影响，酒体设计的原则和方法，勾调的细节和技巧，特别是对酿酒行业中的一些核心技术进行不同程度的公开。他用通俗、生动的语言编纂了传统白酒酿造技艺"108口诀"，以七言口诀的形式进行总结，涵盖了传统白酒生产过程的方方面面。全口诀共108句，每一句都千锤百炼，每个关键词的背后都蕴含着一个操作要点。本书的出版对于白酒企业整体品质和技术的提升具有积极的作用，对于传统白酒技艺的传承和创新具有重要的意义。

此书的出版既是对他个人工作经验的总结，也是对行业的贡献，希望能达到抛砖引玉的效果。

赖亥雒

序

二

中国的酿酒文化源远流长，据考证已有 5000 多年的历史。白酒作为中国特有的传统蒸馏酒种，自诞生以来一直在我国的政治、经济、文化和外交等领域发挥着积极重要的作用。新中国成立以来特别是改革开放以后，我国的白酒行业得到快速发展并取得了巨大成就。目前我国具有白酒香型共 12 种，行业规模以上企业数量达 1500 余家，年产值 5000 多亿元。中国的白酒行业在经历"黄金十年"高速增长期后，在国家政策调整以及健康饮酒文化指导下，展现出稳量增质的良好发展势头。特别是近几年，行业最重要的话题是"饮酒与健康"，生态、绿色、健康的饮酒理念不断深入人心，并为此开展了诸如白酒生产新工艺创新发展、健康饮酒舒适度研究，纯粮酿造真实性分析等科研项目，以助推中国白酒行业健康发展。

《酒体设计实战技术精华》一书，是由中国食品药品企业质量安全促进会发酵食品专业委员会副会长，白酒泰斗、中国唯一的国际酿酒大师、国家级酿酒非物质文化遗产传承人赖高淮先生的关门弟子——著名酿酒专家张金修先生的撰写。

张金修先生出身于酿酒世家，一生只爱酒，醉心于白酒技术研究多年，创新能力强，被誉为酒界"怪才"。本书是张先生将家传秘方与多年的从业经验进行总结而著，书中分享了他在工作中对各种疑难问题的处理方法和经验，全面分析白酒中微量成分对风味的作用和影响，对高质量发展时期酒体设计的新思路新方法，白酒勾调技术的法宝和技巧，如何正视新工艺白酒及新工艺白酒生产的关键技术等方面进行了重点论述，部分内容涉及他多年研究的核心技术，这充分体现了他对行业的无私奉献精神。

我们有理由相信张金修先生编写的《酒体设计实战技术精华》一书能成为白酒行业的技术宝典，为中国白酒健康发展增色添彩。

是为序。

前言

中国白酒酿造技艺源远流长博大精深，其快速发展离不开老一代酿酒匠人的传承，一群人，一辈子，一件事，一杯酒。"天下难事，必作于易。天下大事，必作于细"。持之以恒，滴水穿石，精益求精，每一道工序都注入酿酒人的汗水和心血，每一滴酒都是酿酒人用青春月岁砺炼而成，并且随时间的增长而愈来愈醇、愈来愈香。

随着社会的快速发展，我国进入高质量发展时期，消费理念和消费趋势出现新的变化，消费者自主选择意识增强，区域化、个性化、定制口感要求越来越明显。谁能设计出消费者喜爱的口感，谁就能占领市场，增加效益，因此近几年来酒体设计显得非常重要。酒类作为食品类特殊饮品，产品质量高低彰显出企业综合实力和技术水平，综合实力和技术水平高低决定在行业中的地位。酒体设计又是酿酒行业核心技术，它包括了酿造、储存、品评、勾调等一整套的实施方案和管理准则。勾调是酒体设计的核心技术，是酒体设计的重要组成部分。

酒体设计是在勾调基础上发展起来的，多年来都是以师传徒逐个单传的方式亲口传授，十分神秘。酒体设计学作为一门重要课题，既是一门技术，又是一门艺术，它是稳定和提高产品质量的重要手段，也是中国白酒创新的方法之一，可以快速开发新产品，提升老产品的质量，近几年来各企业技术人员都在不断探索和完善中。

笔者从事白酒生产技术研发三十余年，工作中刻苦钻研，不断创新，精益求精，对酒体设计的创新、微量成分的助溶、白酒口感的绵柔有独到技术，一生只爱酒，视酒类事业为自己的生命，现拥有国家授权专利五项，牵头起草《浓香型白酒生产技术操作规范》团体标准，在《酿酒》《酿酒科技》《华夏酒报》等国家专业核心期刊上发表多篇学术论文。笔者通过近几年来酒体设计培训经验和学员的迫切要求，并参考大量相关文献，对自己三十余年的实践经验加以阐述，提炼、优化本人多年白酒技术的培训讲义并对重点总结成口诀，使学员易记易懂，利于传承。

在本书的编写过程中参考了一些专著及论文，并得到我的恩师白酒界泰斗、国际酿酒大师赖高淮，首届中国酿酒大师赖登燡，中国食品发酵工业研究院有限公司国家食品质量监督检验中心常务副主任尹建军、黄新望，四川大学轻工科学与工程学院教授、博士生导师、锦江学院白酒学院院长张文学，四川省酒业集团有限责任公司总经理助理、川酒研究院院长赵金松，山西杏花村汾酒厂股份有限公司技术研究院院长韩英，著名白酒专家、教授级高级工程师王金亮，北京国科联培信息技术研究院刘鹏，四川省天府名优酒研究中心尹峤、宋柯等专家的大力支持及提出指导性意见，在此一并致谢。

本书读者定位是白酒生产企业技术总工程师、科研人员及基础知识丰富的行业工作者，也可以作为白酒行业技术培训的教材使用。

由于笔者水平所限，加之时间仓促，书中难免出现不足之处，敬请读者批评指正。

2020 年 2 月

目 录

第
一
章

中国白酒风味物质形成要素及分类

❖ 第一节　白酒风味物质形成要素

　　白酒是中国民族工业的传统产品，其以天然的多种微生物、开放式固态发酵等独特的生产工艺，形成不同香型的独特风味。白酒香型的区分始于1979年的全国第三届评酒会，发展至今白酒香型已有十二大类，而这些香型不同风格的形成主要是由白酒中微量成分决定的。

　　白酒中主要成分是乙醇（酒精）和水，其中乙醇和水约占总量98%，微量成分只占2%，决定白酒品质优劣的不是98%，而是2%，这2%中包括酸、酯、醇、醛等种类众多的微量有机化合物，这些成分决定着白酒的风格。影响白酒风味的因素很多，主要是地理环境（气候、地貌、水、动植物、土壤）、酿酒原料、酒曲、发酵容器、生产工艺、储存、勾兑技术等，适宜的自然环境加上独特的酿酒工艺形成中国白酒百花齐放、各有千秋的风格。

　　正所谓，一方水土养一方人，一方水土酝酿一方美酒，独特的地理位置和物候环境让居于此地的民众衍生出与之适应的思想观念、人文历史、文化特征。同样，对中国白酒而言，生态环境带来的影响，简而言之就是一方水土酿一杯美酒。任何一款酒都有其特有的气质，这气质以酒的特有风味进行呈现，而在这气质的背后蕴藏着这酒诞生起就与之俱来的生态密码。生态从根本上给白酒定了型，生态环境形成了饮食习惯，即使在不同的地域使用相同技艺、人员、原辅料，永远只能酿成主体风格相似，细节风味却存在差异的白酒。生态就是如此神奇，可以触摸和感知，甚至改变，它对酿酒的作用过程悄无声息却真实存在，体现在酒中微量呈香、呈味物质组成和量比的不同，赋予消费者的是感官细节的差异。

第二节　分类方法

中国白酒是以粮谷或富含淀粉的物质为主要原料，以大曲、小曲或麸曲及酒母等为糖化发酵剂，经蒸煮、糖化、发酵、蒸馏、储存、勾调而成的蒸馏酒。

一、按酒曲分类

1.大曲酒

大曲酿酒用的糖化发酵剂，一般为砖形的块状物。

大曲酒是以大曲为糖化发酵剂酿制而成的白酒。国家标准《白酒工业术语》将大曲分为下面三种类型。

（1）高温曲　制曲品温达60℃以上，主要生产酱香型大曲酒和部分浓香型大曲酒。

（2）中温曲　制曲品温在50~59℃之间，主要生产浓香型大曲酒。

（3）低温曲　制曲品温在45~50℃之间，一般不超过50℃，主要生产清香型大曲酒。

2.小曲酒

小曲是酿酒用的糖化发酵剂，多为较小的圆球、方块、饼状，部分小曲在制造时加入中草药，故又称曲药或酒药。

小曲酒是以小曲为糖化发酵剂酿制而成的白酒。

3.麸曲酒

麸曲是以麦麸为原料，采用纯种微生物接种制备的一类糖化剂或发酵剂。按生产工艺一般分为帘子曲、通风曲。

（1）帘子曲　在竹帘子上培养制备的麸曲。

（2）通风曲　在长方形水泥池中控制通风培养制备的麸曲。

麸曲酒是以麸曲为糖化剂，加酒母发酵酿制而成的白酒。

4.混合曲酒

混合曲酒是以大曲、小曲或麸曲等其中两种或两种以上糖化发酵剂酿制而成的白酒，或以糖化酶为糖化剂，加酿酒酵母等发酵酿制而成的。

二、按生产工艺分类

1.固态法白酒

以粮谷为原料，以大曲、小曲或麸曲为糖化发酵剂，采用固态或半固态糖化、发酵、蒸馏，经陈酿、勾调而成的，未添加食用酒精及非自身发酵产生的呈色呈香呈味物质，具有本品固有风格特征的白酒。

2.液态法白酒

以含淀粉、糖类物质为原料，采用液态糖化、发酵、蒸馏所得的基酒（或食用酒精），通过调香或串香，勾调而成的白酒。

3.固液法白酒

以固态法白酒（不低于30%）、液态法白酒、食品添加剂勾调而成的白酒。

三、按香型分类

中国白酒文化源远流长，各地风格均有不同，中国白酒香型的确立始于1979年全国名优白酒协作会议及第三届全国评酒会。第三届全国评酒会于1979年在大连召开。在该次评酒会上，根据不同的酿酒工艺、不同的制曲工艺、白酒中不同的风味特征物质对感官的影响，正式提出和确立了清香、浓香、酱香和米香四大香型白酒。同时在该次评酒会上，有的酒样因不属于上述4种香型范围，而被列为其他香型。后来有关科研院所和生产企业又进行了大量深入细致的科学研究，进一步划分了多种香型白酒。尤其是第四届、第五届全国评酒会的召开，对白酒新香型的发展有很大的促进作用，先后增加了兼香型、药香型、凤香型、特香型、芝麻香型和豉香型等香型。凤香型于1992年成为第五大香型，由此逐渐形成了"五大香型、五小香型"之说。后来老白干香型和馥郁香型陆续确认。至此，我国白酒共有12个香型，形成百花齐放、百家争鸣的良好局面。

1. 浓香型白酒

以粮谷为原料，采用浓香大曲为糖化发酵剂，经泥窖固态发酵、蒸馏、陈酿、勾调而成，不直接或间接添加食用酒精及非自身发酵产生的呈色、呈香、呈味物质的白酒。

2. 清香型白酒

以粮谷类为原料，采用中温大曲、小曲、麸曲及酒母等为糖化发酵剂，经缸、池等容器固态发酵、蒸馏、陈酿、勾调而成，不直接或间接添加食用酒精及非自身发酵产生的呈色、呈香、呈味物质的白酒。

3. 米香型白酒

以大米等为原料，经传统半固态法发酵、蒸馏、陈酿、勾调而成，不直接或间接添加食用酒精及非自身发酵产生的呈色、呈香、呈味物质，具有以乳酸乙酯、β-苯乙醇为主体复合香的白酒。

4. 凤香型白酒

以粮谷为原料，经传统固态法发酵、蒸馏、酒海陈酿、勾调而成，未添加食用酒精及非自身发酵产生的呈色、呈香、呈味物质，具有乙酸乙酯和己酸乙酯为主的复合香气的白酒。

5. 豉香型白酒

以大米为原料，经蒸煮，用大酒饼作为主要糖化发酵剂，采用边糖化边发酵的工艺，经蒸馏、陈肉浸泡勾调而成，未添加食用酒精及非自身发酵产生的呈色、呈香、呈味物质，具有豉香特点的白酒。

6.芝麻香型白酒

以高粱、小麦（麸皮）为原料，以大曲、麸曲等为糖化发酵剂，经堆积、固态发酵、蒸馏、陈酿、勾调而成，未添加食用酒精及非自身发酵产生的呈色、呈香、呈味物质，具有芝麻香型风格的白酒。

7.特香型白酒

以大米为主要原料，经传统固态发酵、蒸馏、陈酿、勾调而成的，不添加食用酒精及非自身发酵产生的呈色、呈香、呈味物质，具有特香型风格的白酒。

8.兼香型白酒

以粮谷为原料，采用一种或多种曲为糖化发酵剂，经固态发酵、蒸馏、陈酿、勾调而成（或浓香酱香分型固态发酵、蒸馏、陈酿、勾调而成），不添加食用酒精及非自身发酵产生的呈色、呈香、呈味物质，具有独特兼香风格的白酒。

9.老白干香型白酒

以粮谷为原料，经传统固态法发酵、蒸馏、陈酿、勾调而成，不添加食用酒精及非自身发酵产生的呈色、呈香、呈味物质，具有以乳酸乙酯、乙酸乙酯为主体复合香的白酒。

10.酱香型白酒

以粮谷为原料，经传统固态法发酵、蒸馏、陈酿、勾调而成，未添加食用酒精及非自身发酵产生的呈色、呈香、呈味物质，具有其特征风格的白酒。

11.药香型白酒

以高粱、小麦、大米等为主要原料，按添加中药材的传统工艺制作大曲、小曲，用固态法大窖、小窖发酵，经串香蒸馏，长期储存，勾调而成，不直接或间接添加食用酒精及非自身发酵产生的呈色、呈香、呈味物质，具有董香型风格的白酒。

12.馥郁香型白酒

以粮谷为原料，采用小曲和大曲为糖化发酵剂，经泥窖固态发酵、清蒸混入、陈酿、勾调而成，未添加食用酒精及非自身发酵产生的呈色、呈香、呈味物质，具有前浓中清后酱独特风格的白酒。

第三节　浓香型白酒的三大流派

浓香型白酒是中国白酒的典型代表，是中国白酒的重要组成部分，以其卓越的品质、悠久的历史和深厚文化深受广大消费者青睐。浓香型白酒市场份额达白酒总量70%以上，可见浓香型白酒深受消费者的喜爱。浓香型白酒对整个白酒市场的普及做出了重要贡献，它是中国白酒的消费主流，其市场的持续发展将继续推动白酒整个产业的前行发展。

白酒产业的发展在于与时俱进，特别是如何带动及培养年轻消费者的消费习惯，浓香型白酒天然具备更大优势，有着庞大的消费人群，这个市场基数和消费环境，也应该有能力率先吸引更多年轻消费者。

在带动国际化未来方面，将白酒推广到世界，是中国酒业一直为之努力的目标。技术创新、跨界创新加快了浓香型白酒产业的发展，浓香型白酒具有的舒适口感也是白酒走向国际化的先天基因。

由于浓香型白酒不同地区风味差别很大，操作工艺参差不齐，特别是近几年来跨香型创新融合，一香为主、多香复合的创新，浓中带酱，浓中带芝香等，导致一香多派，但是主要分为以下三种流派。

一、川派

川派是以泸州老窖、五粮液为代表的"浓中带陈味"或称"浓中带酱"的流派，从区域上界定为川派。这个流派的浓香型白酒，闻香以窖香浓郁、香味丰满而著称；在口味上突出绵甜；气味上带有"陈香"或所谓的"老窖香"，似乎又带有微弱的"酱香气味"特征。

泸州老窖的陈香是窖香、糟香舒适、细腻、悠长的典型香气。

五粮液则突出了陈味（曲香和粮香，略带馊香的综合香气）。有人说是浓中带酱，实际为浓中带陈，是市场流行的香气，喷香好，味净，尾味短。

剑南春带木香的陈，是由大麦曲香和炭化香形成，并略带窖陈和粮香的综合香气，与五粮液的酱陈有明显的区别。

全兴大曲是醇陈和略带窖陈的综合香气，幽雅舒适、味醇厚、绵柔。

沱牌曲酒是醇陈加曲香、粮香，并略带窖陈的综合香气，味醇甜、干净。

川派型酒企通常采用的是原窖分层堆糟法或跑窖法工艺。它指的是在糟醅发酵完毕后，出窖时分层堆放、分层使用。因为窖池内发酵特征上中下层不均匀，这样做的好处在于可以分层次取糟，好中选好，优中取优。

二、江淮派

江淮派是以洋河大曲、古井贡、双沟大曲为代表的浓香纯正的"纯浓型"或称淡雅浓香型的流派，该流派的特点是突出己酸乙酯的香气，而且口味纯正，以绵甜爽净著称。苏鲁豫皖的浓香型白酒，窖香、曲香、粮香比川酒差，但油陈（脂肪酸的陈香或是豌豆分解发酵的香气）比较突出。

感官评语：窖香优雅、绵甜柔和、醇和协调、爽净。

江淮派各种浓香型白酒特点如下：

洋河大曲绵甜醇净，带氨基酸鲜味；

古井贡酒前香好，香浓，味长；

双沟大曲香稍大，有窖陈香气，味长；

宋河粮液味清雅，有窖陈香。

江淮派大多具有"甜、绵、净、软、香"的风格特点，洋河蓝色经典以"高而不烈、低而不寡、绵甜而爽净、丰满而协调"的鲜明风格特点，迅速成为中国绵柔型白酒的第一品牌，开辟了绵柔型白酒的时代。

江淮派生产工艺：混烧老五甑法。

三、北方派

北方派浓香型白酒代表产品有河套王酒、伊力特酒、蒙古王酒等。

北方流派的特点是介于"川派"和"江淮派"之间的。它的香味、口感要强于江淮派，又弱于川派。

"北方派"浓香型白酒的感官评语为：窖香幽雅、绵甜爽净、酒体丰满、后味余长。

这些"北方派"浓香型白酒在窖香幽雅的共性基础上，更能体现绵甜爽净、酒体丰满、后味余长的特点。

第四节　酱香型白酒的类型

酱香型白酒作为中国白酒的一个主流品类，在市场上已不鲜见。但是，绝大多数的消费者并不清楚其实酱香型白酒还分为六种类型。而每种不同类型的酱香型白酒，其生产原料、工艺、成本等有着很大的不同。不是每一种类型的酱香酒都能称作优质酱香酒，每一种类型的产品有着天壤之别。

一、六种类型

目前，存在六种类型的酱香型白酒，包括茅台镇传统大曲捆沙酱香酒（也称作坤沙酒）、麸曲酱香酒、碎沙酱香酒、翻沙酱香酒、回沙酱香酒和串蒸酱香酒等。能称得上优质酱香酒的，属于纯正大曲捆沙酱香酒。同时传统纯正大曲捆沙酱香酒，才是酱香酒中的最高级别，其酒龄越长品质越高。

1.大曲捆沙酱香酒

选用茅台本地产优质小红高粱（红缨子）整颗不磨碎，再使用高温大曲作为糖化发酵剂（大曲为优质小麦），与小红高粱为五五比例酿造，一年一个酿造周期，二次投料（下沙和糙沙），二种发酵（堆积发酵和入窖发酵），三种典型体（酱香、醇甜、窖底），四十天制高温大曲药，五月端午踩曲，六个月以上陈曲，七次取酒，八次加曲发酵，九次蒸煮，十个工艺特点。此酿造过程历时一年。

只有按照这个工艺生产出来的酱香酒才是大曲捆沙酒，才能算是优质酱香酒，当然还与当地特殊的地理、气候、水等因素有关。

2.麸曲酱香酒

使用麸曲作为糖化发酵剂，一般发酵时间二三十天，糖化发酵彻底，一次取酒；麸曲酱香型白酒生产具有发酵时间短、出酒率高、储存期短、资金周转快、价格低廉的特点。

3.碎沙酱香酒

用粉碎的高粱酿出的酒称为"碎沙酒"。一般使用多种大曲添加干酵母和酶制剂等作为糖化发酵剂；将原料粉碎后，经过预处理后拌和糖化发酵剂入窖发酵二三十天，蒸馏取酒，一次烤完。碎沙酒生产周期短，出酒率较高，品质一般；不需要严格的"回沙"工艺，一般烤两三次就把粮食中的酒取完。此类酱香型白酒生产成本相对较少，目前市场上销售的中低档产品基本都是该类。

4.翻沙酱香酒

基本是大曲捆沙酱香酒最后第9次蒸煮烤完酒后，适当加添原料和曲药等进行的一次发酵蒸馏取酒所得。翻沙酒生产周期短，出酒率高。

5.回沙酱香酒

这是大曲酱香酒的一种创新，一些酒厂在大曲酱香酿造的第四轮次或第五轮次添加原料，进行酿造所得的酱香型白酒。后续工序和大曲酱香酒基本一致。

6.串蒸酱香酒

将捆沙酒最后第9次蒸煮后丢弃的糟醅，置于蒸馏器内，在蒸馏器底部添加食用酒精和香料等，经过串蒸所得的酱香酒。这类产品质量差，成本低廉。

二、六种酱香酒的品质对比

1.大曲捆沙酱香酒

五年出品，酱香突出，幽雅细腻，酒体丰满，酸、甜、苦、涩、煳、枯、酱七味和谐。回味悠长，空杯留香持久。此级别的酒不易上头、不易醉、不伤身、酒易醒。

2.麸曲酱香酒

有酱香味，酒体谐调，较醇厚、较幽雅，空杯留香短，丰满度稍差，香味舒适感不如大曲酱香酒。

3.碎沙酱香酒

香味大，酱香较纯正，酒体微粗糙，较协调，后味有酱味煳闷感；陈酿时间长的产品，酒体较醇和；空杯留香短，并呈现异杂香味。

4.翻沙酱香酒

出酒率低，有酱香味，酒体较醇厚，细腻感和丰满度不如大曲酱香酒，后味有焦、枯、煳；空杯留香短，并呈现不适感。

5.回沙酱香酒

酱香纯正，较幽雅，酒体醇厚绵甜，曲香粮香馥郁，细腻感和丰满度不如捆沙酱香酒，空杯留香持久也较好。

6.串蒸酱香酒

也叫串酒（酒精酒），浮香明显，伪酱香味突出（实为香料味），给人不舒适感。这种酒成本极低，网上大量的几元或十几元甚至上百元一瓶的酱香酒，基本都属于这一类。市场上发霉类、埋地类、洞藏类酒皆属此类酒。

三、酱香酒的三种典型香

一瓶好的酱香酒不是只有一个味道的，而是按一定比例将酱香、窖底香、醇甜香这三种典型香的酒勾调在一起，才能成为酱香突出、回味悠长、优雅细腻且酒体醇厚的优质酱香酒。

1.酱香

酱香酒微黄透明，酱香味好，口感优雅细腻，入口有浓厚的酱香味，醇甜爽口，余香较长。酱香是由芳香族化合物发出来的一种香味香气。据气相色谱分析，酱香白酒中所含的芳香族化合物很丰富，特别是酚类物质，而这些物质主要来源于酿酒的原料。

酱香酒留杯观察，逐渐混浊，除有酱香味，还带有酒醅气味。

待干涸后，杯底微黄，微见一层固形物，酱香更较突出，香气纯正。酱香物质多含有羰基化合物，如 3-羟基丁酮、2,3-丁二酮、双乙酰、糠醛等；还较多含有酚类化合物和杂环化合物，如 4-乙基愈创木酚、香草醛、阿魏酸、丁香酸、噻吩、吡喃、吡啶、吡嗪类等。

2. 窖底香

酱香酒有突出的窖泥香味，又称窖底香。它既有浓香型酒的特点，又区别于浓香型酒。香味香气浓郁，且凸显柔和。

窖底香多含醛类和低沸点的酯类化合物，如乙醛、乙缩醛、异戊醛、己酸乙酯、乙酸乙酯、丁酸乙酯、乳酸乙酯等。

3. 醇甜香

醇甜香含多元醇较多，比如 2,3-丁二醇、丙三醇、1,2-丙二醇、1,3-丙二醇等，是经微生物发酵作用的产物。醇甜香这类成分在酱香型白酒中，不但起到呈甜味的作用，更重要的是，它能在三种典型体的香味香气成分中发挥一种奇特的缓冲作用，从而形成了酱香型白酒独树一帜的"复合香"。醇甜香还可以对其他香型白酒起到"改善酒体，覆盖燥杂，延长后味，提高酒质"的重要作用。

四、酱香型白酒各轮次酒的风格及勾兑比例

一轮次：无色透明，无悬浮物：有酱香味，生粮味明显，味涩，微酸，后味微苦；乙酸乙酯高，酒精度 ≥ 57.0%（vol）。勾兑比例占 5% ~ 7%。

二轮次：无色透明，无悬浮物；有酱香味、生粮味，味甜，

后味干净，略有酸涩味；酒精度≥ 54.5%（vol）。勾兑比例占
7% ~ 9%。

三轮次：无色透明，无悬浮物；酱香味突出、醇和、爽净；无
邪杂味，酒精度≥ 53.5%（vol）。勾兑比例约占 23%。

四轮次：无色透明，无悬浮物；酱香味突出，酒体丰满、醇和，
后味长；酒精度≥ 52.5%（vol）。勾兑比例约占 25%。

五轮次：无色（微黄）透明，无悬浮物；酱香味突出，后味长，
略有焦香味；酒精度≥ 52.5%（vol）。勾兑比例约占 22%。

六轮次：无色（微黄）透明，无悬浮物；焦香味明显，回味长，
略有焦煳味；质量明显下降。酒精度≥ 52.0%（vol）。勾兑比例占
8% ~ 10%。

七轮次：无色（微黄）透明，无悬浮物；酱香味明显，后味
长，焦煳味稍重，稍带水味。酒精度≥ 52.0%（vol）。勾兑比例占
5% ~ 7%。

❀ 第五节　芝麻香型白酒的三种风格

芝麻香型白酒是以芝麻香为主体，兼有浓、清、酱三种香型之
所长，故有"一品三味"之美誉，是中国十二大香型白酒中最年轻
的一个成员，同时也是酿造技术难度最大，酿造条件要求最高，对
环境要求最严格的一个香型，堪称白酒中的贵族香型。它的味道既
有清香型白酒的清净典雅，又有浓香型白酒的绵柔丰满，还具有酱
香型白酒的幽雅细腻，综合感官有焙炒芝麻的复合香气，但可以肯

定的是，酿酒原料里面真的没有芝麻。

原酒储存是形成芝麻香馥郁风格的重要环节。储存过程中口感有下列变化：芝麻香突出，陈香味较好，风格较典型——幽雅细腻的焙炒芝麻的复合香气突出，陈香味明显。刚生产的原酒芝麻焦香味较重，但芝麻香味不典型，经过 3 年以上的储存期，才能达到勾调成品酒的要求。芝麻香白酒储存期都在 3 年以上，个别可达到 5 年。将储存到期的基酒（芝麻香偏清、芝麻香偏浓、芝麻香偏酱三种类型）组合，再调以陈酒及芝麻香突出的调味酒进行调味。先调小样，经品尝检验合格后，再放大样，最后便可以得到芝麻香风格优美的产品。

作为白酒领域中的贵族，芝麻香型白酒并不为大众所熟知，芝麻香型白酒由于酿造工艺和对酿造环境过高，成品的芝麻香型白酒产量并不大。芝麻香型白酒入口绵，酱香浓郁。

随着技术的提升，芝麻香型白酒产量已经能逐渐满足人们对于芝麻香型白酒的需求，芝麻香型白酒兼具浓、清、酱香白酒风味特点与工艺特征，幽雅细腻。芝麻香型白酒工艺要点如下：清蒸续渣，泥底砖窖，大麸结合，多微共酵，三高一长（高氮配料、高温堆积、高温发酵、长期储存），精心勾调，美拉德反应作用明显。芝麻香型白酒的生产研究中要重视原料中的蛋白质的品种、数量、发酵环境及原料配比；加强支链淀粉作物中蛋白质对芝麻香型白酒组分形成的机理及贡献的研究；控制营养物质的过度消耗，保证蛋白质发酵和淀粉发酵；尽早在芝麻香型白酒健康因子方面的研究有所突破。

山东白酒协会原专家组组长黄业立先生把山东芝麻香型白酒体分为 3 种风格特点。

一、清雅型

以景芝神酿和扳倒井芝麻香酒为代表，乙酸乙酯含量较高（160～200mg/100mL），己酸乙酯含量较低（50～80mg/100mL），具有清静典雅、醇和协调、芝麻香优雅的特点。

二、馥郁型

以趵突泉芝麻香为代表，该酒乙酸乙酯和己酸乙酯相当（110～130mg/100mL），具有醇厚丰满、幽雅细腻、芝麻香典型的特点。

三、窖香型

以水浒108酒为代表。该酒在传统浓香型酿酒的基础上，对酿酒原料、窖池、发酵剂进行改进，并经长期储存形成了芝麻香风格，己酸乙酯含量高于乙酸乙酯含量，具有窖香幽雅、醇厚丰满、芝麻香风格典型的特点。

第二章

影响白酒典型风格的
各种因素

从表面上分析，白酒的主要成分是乙醇和水，而溶于其中的酸、酯、醇、醛等种类众多的微量有机化合物作为白酒的呈香呈味物质，却决定着白酒的风格。影响微量成分差异的因素虽然很多，但是主要是自然因素与地理环境、酿酒原料、酒曲、发酵容器、生产工艺、储存、勾兑技术等。下面仅就影响白酒的典型风格的主要因素，谈谈自己的粗浅看法，与同行们共同探讨。

❀ 第一节 自然因素与地理环境对酒体风格的影响

自然因素（水、土、植被、气候变化等）与地理环境（自然环境和人文环境）的优劣，从根本上决定白酒风格典型性和质量的优劣。白酒独特的酿造工艺具有悠久的历史，从诞生那天起，就笼罩着神秘的"地理环境论"，地理位置决定了自然环境。自然环境是人类和其他一切生命赖以生存和发展的基础，微生物的生长和繁衍需要一定的营养、温度和水分。水是自然界一切生命的重要物质基础。"水是酒的灵魂，美酒必有佳泉"，恰恰说明了水在酒中的重要位置。我国幅员辽阔，北方气候干燥，四季分明，土质贫瘠，含沙量大，有机质不丰富，昼夜温差大，最高气温 40℃以上，最低气温可达到 -25℃左右，不适宜微生物的生长，大部分酒厂所产的酒寡淡无味，香气单一，微量元素极少，不适宜长期存放；而南方气温湿润，雨水多，昼夜温差小，四季温差相对比北方变化小，适宜多种微生物的生长，此地方所产的酒香气浓郁，口感醇厚，优雅细腻，绵甜净爽，适宜长期储存。2005 年开始国家质量监督检验检疫总局先后为我国 50 多家白酒企业颁发"国家地理标志保护产品认证"证书，大多数人都认同，离开茅台镇就酿不出"茅台酒"，离开宜宾就生产不出"五粮液"，充分体现了自然因素与地理环境对酿酒的重要性。

中国白酒的酿造之本在于道法自然，天酿美酒。"天人之际，合二为一"此乃酒之正本。酿酒环境之美归于自然，酿酒过程应该是美好环境下的一个环节,有山有水,风景优美,不需要平山填海、厂房林立,而应回归到自然环境下因地势生产,使整个酿造过程成为生态环境的一部分。抬头见蓝天,脚下有窖池,山洞藏酒,酒与自然同呼吸,岂能不美?没有好的自然生态,就谈不到美酒和佳泉。追求完美酿造,追求高品质和个性化的产品,必然要高度重视酿酒环境保护和微生态的不间断培育。

第二节　原料与辅料对酒体风格的影响

从原理上讲,只要是含淀粉和可发酵性糖,或可转化为可发酵性糖的原料均可用来酿酒,品种很多,粮谷原料占主要地位。粮谷原料中,高粱占主要地位。原料是酒类发酵的主要物质基础,不同的原料成分和存在形式各不相同;产地不同,粮食的品质和成分也有差异,发酵产物必然不同,因此不同程度影响白酒的风格。

一、酿酒原料

1.小麦

小麦含有较高的蛋白质和丰富的碳水化合物,营养丰富,易糊化且出酒率高。在酿酒过程中,小麦蛋白质在一定的温度、酸度条件下,通过微生物和酶被降解为小分子可溶性物质,参与美拉德反应,生成酒体中的呈香、呈味物质,使酒体适口度高、劲头足、香味成分丰富,香气浓郁幽雅、丰满细腻,口感醇和绵甜。小麦用于酿酒生产，因其小麦蛋白质的组分以麦胶蛋白和麦谷蛋白为主，麦胶蛋白中以氨基酸为多，这些蛋白质可在发酵过程中形成香味成分，故五粮液、剑南春等大曲酒，均使用一定量的小麦，但小麦的用量要得当，以免发酵时产生过多的热量。在小曲白酒生产中有全部使用小麦为原料制酒，也有配合一定比例使用的。

2.大米

大米中的淀粉含量在 70% 以上，蛋白质含量在 7% ~ 8%。由于大米质地纯净、结构疏松，蛋白质、脂肪和纤维含量少，利于糊化，酿出的酒具有爽净的特点，故有"大米酿酒净"之说。有人说，"五粮型白酒"关键就是比其他酒更舍得用糯米和大米。这个结论是有科学依据的，事实也证明大米和糯米酿酒的出酒率高、口感醇正。大米在混蒸混烧的白酒蒸馏中，可将饭的香味带入酒中，酒质爽净，酯低，醛高，醇高。

3.豌豆

豌豆黏性大，淀粉含量较高，主要用于制曲，若用来单独制曲，则升温慢，降温也慢。故一般与大麦混合使用，以弥补大麦的不足，但用量不宜过多。大麦与豌豆的比例，通常 3：2 为宜。也不宜使用质地坚硬的小粒豌豆。若以绿豆、赤豆代替豌豆，则能产生特异的清香。

4.高粱

高粱按黏度不同分为粳高粱、糯高粱两类。

北方多粳高粱，南方多为糯高粱。糯高粱淀粉含量主要是支链淀粉，含支链淀粉多，黏性较大，吸水性强。糯高粱品种尤以泸州糯红高粱和贵州红缨子高粱为上品。糯高粱的支链淀粉结构较疏松，宜于根霉生长，以大曲制酒时，淀粉出酒率较高，粳高粱含有一定的直链淀粉，结构紧密，蛋白质含量高于糯高粱。酵母在高粱培养基上的代谢产物具有酸低、酯高的特点，因此高粱产酒香。在固态发酵中，高粱经过蒸煮后，疏松适度，熟而不黏糊，利于发酵，并且它含有的单宁经过蒸煮发酵后可转变为芳香物质，赋予白酒独特的香气。高粱的半纤维素含量约为 2.8%。高粱壳中的单宁含量在 2% 以上，但籽粒仅含 0.2% ~ 0.3%。微量的单宁及花青素等色素成分，经蒸煮和发酵后，其衍生物为香兰酸等化合物，能赋予白酒特殊的芳香；但若单宁量过多，则能抑制酵母发酵，并在开大汽蒸馏时会被带入酒中，使酒带苦涩味。

5. 玉米

玉米的胚芽中含有大量的脂肪，若利用带胚芽的玉米制白酒，则酒醅发酵时生酸快、升酸幅度大，且脂肪氧化而形成的异味成分带入酒中会影响酒质，故用以生产白酒的玉米必须脱去胚芽。玉米中含有较多的植酸，可发酵为环己六醇及磷酸，磷酸也能促进甘油（丙三醇）的生成。多元醇具有明显的甜味，故玉米酒较为醇甜。玉米的半纤维素含量高于高粱，因而常规分析时淀粉含量与高粱相当，但出酒率不及高粱。玉米组织在结构上因淀粉颗粒形状不规则，呈玻璃质的组织状态，结构紧密，质地坚硬，故难以蒸煮。但一般粳玉米蒸煮后不黏不糊。

二、酿酒辅料

1.稻壳

稻壳（稻皮、谷壳）是稻米谷粒的外壳，是酿制大曲酒的主要辅料，为一种优良添加剂。它除了具有一般辅料作用外，由于质地坚硬，在蒸酒时还可减少原料相互黏结，避免塌气，保持粮糟柔熟不腻。由于稻壳中含有多缩戊糖、果胶质和硅酸盐等成分，在发酵过程中影响酒质，所以其用量要严格控制，并且使用前进行清蒸。稻壳要求新鲜、干燥、无霉烂、呈金黄色，以粗糠为好。

2.高粱壳

高粱壳单宁含量较高，但对酒质无明显影响，使用高粱壳和稻壳为辅料时，醅的入窖水分稍低于其他辅料。

3.玉米芯

玉米芯粉碎度越高，吸水量越大，因含一定量的多缩戊糖，在发酵时会产生较多的糠醛，使酒稍呈焦苦味。

4.谷糠

酿制白酒所用的是粗谷糠，其用量较少而使发酵界面较大，故在小米产区多以它为优质白酒的辅料，也可与稻壳混用。使用经清蒸的粗谷糠制大曲酒，可赋予成品酒特有的醇香和糟香，若用作麸曲白酒的辅料，则也是辅料之上乘，成品酒较纯净。

三、多粮发酵

各种粮食的化学成分不同，比如蛋白质含量，支链淀粉与直链淀粉的百分比以及脂肪含量各不相同，对微生物代谢影响不一。多粮发酵正是利用粮食间成分互补、作用互补为丰富味觉层次提供了较为全面的物质基础。

多种原料酿酒弥补了单一原料酿酒香气单调、复合香差等不足，使酒体丰满、风格独特。复合型酒体以高粱、小麦、大麦、玉米、豌豆等粮食为原料，按一定比例使用。高粱的无机元素及维生素含量丰富，在碳源、氮源满足的前提下，为微生物良好生长与繁殖奠定了物质基础。使用适量的豌豆和小麦，可以增加原料的蛋白质含量，调整氮碳比，为美拉德反应提供物质基础。原料要尽可能保持相对稳定，原料变动时，应根据不同原料的特性，采用相应的菌种和工艺条件。应常分析原料中的有用及有害成分的含量，并注意成分之间的比例，对有害成分应在原料预选、预处理工序设法除去，对含杂物多的原料进行筛选，以免成品酒带有明显的土腥味等杂味。原料入库水分应在 14% 以下，以免发霉而使成品酒带霉苦味及其他邪杂味。对于产生部分霉变和结块的原料，应加强清蒸；对于霉腐严重的原料，其成品酒的邪杂味难以根除，可采用复馏的办法来改善酒质。

浓香、清香、酱香、凤香、芝麻香、药香、兼香、馥郁香、老白干香都是以高粱为主要原料，个别浓香、芝麻香和馥郁香企业还辅以大米、糯米、小麦、玉米为原料，其比例各地均有不同，米香、豉香、特香主要以大米为原料，酒味纯正，酒体柔和，余味爽净。

第三节　酿酒用曲及工艺对酒体风格的影响

一、酿酒用曲

众所周知，酿酒用曲在生产中有提供菌源、糖化发酵、投粮和生香四大作用。

自古有"曲为酒之骨"之说，可见曲对白酒风格影响之大，由于制曲原料和曲的形状、大小、培养环境不同，微生物数量和种类也不同，曲香味也不相同，因此酿酒发酵过程中所产生的香味成分不同，最终形成酒体风格就不同。

二、工艺

工艺不同，所形成白酒的风格也不同。现简述如下。

1.浓香型

浓香型白酒以高粱为主料，中温大曲或偏高温大曲为主要糖化发酵剂。生产中有"千年窖泥万年糟""以窖养糟，以糟养窖"等说法，由此可以看出窖泥的养护非常重要。首先要求优质窖泥与正常发酵糟醅充分有机结合，为微生物的繁衍、各种生物酶的作用提供良好的先决条件；其次按工艺要求控制好入窖温度、水分、酸度，采用固态发酵、续糟配料、混蒸混烧或清蒸清渣、清蒸混渣、原窖法、跑窖法、老五甑等生产工艺。

2.清香型

清香型大曲酒酿酒工艺（以汾酒为代表）是清蒸清渣、地缸发酵、清蒸二次清渣，发酵期 28 天。技术要点在于必须有质量上等的小麦和豌豆制作的曲，酿酒工艺的中心环节应消除使酒体产生邪杂味的所有因素。小曲清香和麸曲清香发酵时间更短（小曲 5 ~ 7 天，麸曲 8 ~ 10 天），清香型酒具有成分相对简单、发酵时间短、出酒率高的特点。

3.酱香型

以高温大曲为主要糖化发酵剂，制曲温度在 60 ~ 65℃，采用条石窖为发酵容器。工艺要点"四高、二长、一大、一多"。"四高"即高温制曲、高温堆积、高温发酵、高温馏酒。"二长"即生产周期长（为 1 年），储存时间长（三年以上）。"一大"是指用曲量大，是所有香型酒中用曲量最大的，与投粮比为 1 :（0.85 ~ 0.95）。"一多"是指的多轮次取酒（一个生产周期为 2 次投料，8 次发酵，7 次馏酒）。

4.凤香型

以高粱为原料，中偏高温大曲为主要糖化发酵剂，制曲温度在 60℃，选用清香大曲的制曲原料而不采用清香大曲的培养工艺，采用高温培曲的工艺而不选用浓酱大曲原料。这就使凤香酒独具一格，具有清香、浓香兼具的特点。采用新泥窖固态发酵，每年更换一次新泥，每个生产年度经过立窖、破窖、顶窖、圆窖、插窖、挑窖六个阶段，发酵期仅为 14 ~ 16 天。储酒容器用当地荆条编制的酒篓，内壁糊麻纸，涂上猪血，然后用蛋清、蜂蜡、熟菜籽油等按一定比例配成涂料涂擦，晾干，用此容器储酒，也对凤香型白酒风格有促进作用。

5.药香型

不同材质窖并用，制曲时加中药材，固态发酵，大小曲香醅串蒸工艺。小曲发酵 7 天来制作酒醅，酒醅加大曲发酵制作香醅，发酵时间 8 个月以上，药香型酒的风格主要蕴藏在香醅中。

6.兼香型

以高温大曲和中温大曲为主要糖化发酵剂，高温大曲生产酱香，中温大曲生产浓香，采用水泥池、泥窖并用，固态多轮次发酵，1 ～ 7 轮为酱香工艺，8 ～ 9 轮为混蒸混烧浓香工艺或采用酱香、浓香分型发酵产酒。值得注意的是，要有协调完美的兼香型特征，绝不是"酱香"和"浓香"两个单一香型酒简单地勾兑混合，而是独特的生产工艺的产物。

7.米香型

以大米为原料，采用不锈钢大罐或陶缸半固态短期培菌糖化，后期采用液态边糖化边发酵，小曲糖化发酵，釜式间歇蒸馏，用曲量很少，发酵周期 5 ～ 7 天。其代表为桂林三花酒，小曲中加中草药——桂林香草。

8.豉香型

采用地缸、酒罐液态发酵，发酵期 20 天，以大米为原料，用大酒饼作为主要糖化发酵剂，低酒度摘酒，蒸馏储存后经陈化处理的肥猪肉浸泡勾调而成。浸润陈酿时间为三个月，其作用是改善豉香型酒的生涩味，增加醇厚感。

9.特香型

采用红赭条石窖发酵，以整理大米为原料；以大曲（制曲用面粉、麸皮及酒糟）为主要糖化发酵剂，辅料清蒸，发酵周期为一个月。其独特之处是在大曲原料中加入了一定比例的酒糟，在所有名优白酒中是独一无二的。

10.馥郁香型

以五粮为原料，采用泥窖固态发酵，整粒原料高温泡料、清蒸清烧、大小曲并用，以小曲培菌糖化，大曲配糟发酵，清蒸清烧，准确取优分级，以陶坛为容器，洞穴储存，精心勾兑精制而成。

11.芝麻香型

做到浓、清、酱三大香型白酒生产工艺有机结合，采用砖窖泥底为发酵容器，砖窖有利于形成优雅细腻的芝麻型风格。泥底一定程度上具有浓香型的特点，适当的己酸乙酯对芝麻香的放香具有较好的烘托作用。工艺特点：清蒸续渣，以麸曲为主，高温曲、中温曲、强化菌曲混合使用。大麸结合，多微共酵，高温堆积，高温发酵，高氮配料，长期储存（3年以上），精心勾兑。芝麻香白酒在储存过程中对其典型风格的形成具有重要的作用。

12.老白干香型

以高粱为原料，中温大曲为主要糖化发酵剂。采用地缸为发酵容器，老五甑工艺生产，混蒸混烧、续糟，发酵期短（一般为

12～14天），出酒率高（一般综合出酒率为50%），储存期短，一般3～6个月。

第四节　储存与勾调对酒体风格的影响

一、储存

俗话说"酒需三分酿，七分藏"，白酒的质量风味与储存老熟程度密切相关。因为在适宜的储藏过程中，不论是哪种香型的白酒，都有共同的特点，那就是"酒是陈的香"。储存期间，酒体分子间相互进行缔合与重排，口感会变得绵软柔和；酒体某些成分发生化学反应，产生新的酯类物质，使白酒增香。故储存是白酒老熟的重要工序，也是形成白酒典型风格的主要因素。不同白酒的储存期，按其香型及质量档次而异。下面为大家介绍储酒的条件。

1.湿度

白酒储藏理想的湿度条件是相对湿度70%左右。过于潮湿的环境，不但会遮挡陶坛上的微孔，甚至会让水反渗入坛，如果是瓶装酒则会使酒标受潮被霉化、虫蛀，严重影响酒的品相。当然也不能太干燥，特别是在北方，经常开窗通风很容易造成塑膜短时间内爆裂，建议在存酒的地方放置一些容器盛水，以增加湿度。

2.光照

白酒的存放同葡萄酒一样，需要避免阳光直射，故应储存在阴凉处，具备窖藏能力的最好把酒窖设计在地下。阳光中的紫外线会杀死酒中的活性成分，令其不能继续发酵。阳光直射产生的高温会加剧白酒的化学反应，甚至出现变质、变味等现象。

3.容器

一般来说储酒以陶坛为佳。陶坛容器透气性好，有助于氧化、酯化反应，使酒体香气更好地合成。坛体含有众多微量元素，能促进酒中分子的结合，可使酒体中含有更多的微量元素，促进酒体的陈化、老熟。

若日常所见的瓶装白酒要长时间存放，可用蜡封法或用保鲜膜、生胶带将瓶口密封等方法，以免酒精挥发，但需要注意保持瓶身包装的完整性。

4.温度

白酒储藏的环境温度不宜超过 30℃，理想储藏温度为 15 ～ 20℃，这一温度下能更好地促进酒体老熟。温度较高，酒精易挥发，高容易出现"跑度"；温度过低，酒体分子活性降低，不利于物理化学变化。同时，要防止温差变化过大，保持恒定的温度对于酒类的储藏至关重要。

5.通风

白酒的储存空间应允许少量的空气流动，这样可以避免存放空间的腐臭味，这类气味会对酒的口感很不利。如有酒窖的，可在里面加装排气扇。同时，强烈的刺激性气味也会影响酒的品质，因此必须使藏酒远离油漆、樟脑丸、香水、化妆品等化学品和有刺激性气味的食品，以及其他散发出刺鼻味道的东西。

6.稳定

保证白酒存放的地方不会被经常移动或者摇晃。频繁震动会使酒体分子运动活跃、加剧，不利于自然老熟。如果酒窖位于靠近铁轨或者喧嚣的公路附近，一定要把酒放置在离开地面或者离墙远的地方，把震动频率降到最低。同时，在家中应使藏酒避开洗衣机和冰箱、空调等电器。

二、勾调

"三分酿造，七分勾调"，可见勾调的重要性。固态法生产出来的酒，即便是同一个厂或同一个车间，不同季节、不同班组、不同窖池所生产出来的酒也是质量各异，如果不经勾调，每种酒分别包装出厂，酒质就会极不稳定，口感也不统一。通过勾调可以调节酒中各种微量成分，使分子间重新排列组合，进行补充、协调、平衡、缓冲，烘托出主体香，因此通过勾调可以统一酒质、统一标准，使每一批出厂的酒，都做到质量基本上一致，同时还可以达到稳定和提高酒质的目的，因此说勾调是稳定和提高产品质量的关键工序，是塑造白酒典型风格的重要手段。

综上所述，影响白酒的典型风格的因素很多，有些因素人可以改变，如原料、曲种、发酵容器、生产工艺、储存条件、勾调技术，有些因素人不可以改变，如自然环境，因此即使同一香型的酒，不同地区所产的酒风味、微量成分差别也很大。

第三章

白酒风味物质的产生及异杂味的防控措施

第一节　白酒发酵的三个阶段

以粮谷、水和酒曲三种物质按一定工艺组合在一起，在粮糟入窖后，微生物菌群从有氧发酵慢慢到厌氧发酵，各自分工又协同作用，粮食中的淀粉首先转化成糖，再由糖变成酒精。整个发酵过程在微生物的作用下可以分成三个阶段。

一、第一阶段

第一阶段是主发酵期。主发酵期主要是淀粉变成糖，糖变成酒精的过程，也就是摊晾下曲的酒醅进入窖池密封后，直到乙醇生成的过程，包括糖化与酒精发酵两个过程。固态法白酒生产边糖化边发酵，封窖后的几天，霉菌进行有氧呼吸，大量酵母菌进行菌体繁殖，当整个窖池呈无氧状态后，此时由酵母菌进行酒精发酵，产生大量酒精。

二、第二阶段

第二阶段是生酸期。细菌代谢活动是窖内酸类物质生成的主要途径，使得乳酸、醋酸大量生成，酸类物质不仅提供白酒香味物质的原料成分，也对调节酒质具有有益的作用。

固态法白酒生产属开放式，在生产中自然接种大量的微生物，它们在糖化发酵过程中自然会生成大量的酸类物质。

三、第三阶段

第三阶段是产香味期。这一段时间是发酵过程中的产酯期，也是香味物质逐渐生成的时期。在微生物的作用下，将酸和醇经化学反应，生成香味物质，包括己酸乙酯、乙酸乙酯、乳酸乙酯、丁酸乙酯等。

第二节　白酒中香味物质种类及来源

一、白酒中香味物质种类

白酒的香味物质大致分为 5 类。

1.酸类

酸应算是我们很容易感知的气味了，当酒中酸类物质含量超过某个阈值时，就会闻到微酸气味。酸有呈香、助香和缓冲平衡等作用，尤其是挥发性酸类。举个反例来说吧，像清香型白酒，其中的酸类物质含量就挺少。所以如果你轻松闻到了微酸气味，那应该不是清香型白酒了。

2.酯类

酯类是一类具有芳香性气味的化合物，多数呈现果香。它是白酒中重要的芳香物质，主要起呈香作用，可以在不同程度上增加酒的香气，并可决定香气的品质，尤其对白酒香型的归属起到重要作用。比如我们常说窖香浓郁，是因为在浓香型酒中，当含有适量的己酸乙酯时，浓郁的窖香便也散发出了。

3.醇类

我们都知道，白酒的主体为乙醇。对于其他醇类，则多以呈味为主，不过也有呈香作用。比如我们描述药香型酒常说浓郁的醇香，愉悦的药香，兼有酯香。醇香自不用说，这烘托出的酯香，原因便在这醇类物质，药香型酒含醇类高达 4.00 ~ 4.60g/L。

4.醛酮类

至于说醛酮类，含这类物质最多的要数酱香酒了，像醛类中的乙缩醛对保持酒香的均匀持久性就有一定的作用，我们常说酱香酒易储藏，部分原因也在这儿。

5.芳香族化合物

阿魏酸、4-乙基愈创木酚、丁香酸等都是白酒中重要的香味物质。除此之外，还有含硫化合物、吡嗪类和呋喃类也有一定的呈香作用。

二、白酒中香味物质来源

1.来源于工艺过程

工艺过程包括发酵周期、堆积的时间、回酒、双轮底等。不同的生产工艺产生不同的香味物质，比如酱香型白酒、浓香型白酒以及清香型白酒的香味有着很大的差异。所以，改进生产工艺，是调整并提高白酒中香味物质含量，以及提高产品质量的重要措施。

2.来源于原料和辅料

高粱中的单宁在发酵过程中分解生成丁香酸和丁香醛等香味物质，进而增加白酒的芳香。我们常说"好喝不过高粱酒"，那些名优酒中多以高粱为原料，正是这个道理。糯米、粳米生成醇甜、绵柔香味的微量成分，小麦生成酒味沉香和香味长的微量成分，玉米生成的香味较糙。

3.来源于糖化发酵剂

糖化发酵剂包括大曲、小曲、酵母、酶制剂等。糖化发酵剂所含的微生物、酯化酶等对白酒香味成分的形成影响极大，对产酒率影响也很大，甚至可以说什么样的糖化发酵剂，产生什么样的酒。

4.来源于储存过程

白酒中的醇、酸、酯、醛、酮等化合物在发酵、蒸馏或漫长的储存过程中相互间发生化学变化，生成很多风味物质。如白酒在储存过程中，酒中的醇类可以被氧化为醛类，其中乙醛再与乙醇进行缩合作用可生成乙缩醛，产生柔和的芳香、陈香。

第三节　白酒中异杂味产生的原因及防控措施

任何风味物质含量过高就会形成异味，所以说所谓的异味只是异于常理的一种感知，酒体的关键是把握平衡。蒸馏时一定要小火上甑，见汽压汽，中火馏酒，大火追尾，量质摘酒。从原料处理、发酵管理、蒸馏控制、储存容器等方面做好工作。

一、苦味

1.产生原因

（1）原辅料 一些霉变原料能给酒带来苦味的成分。苦味物质由过量的高级醇、过量的琥珀酸、少量的单宁、较多的醛类所引起。苦味会导致酒感粗糙、不柔和。解决方案：精选优质原料，稻壳或其他辅料进行有效清蒸和净化处理，才能有效地去除苦味。

（2）配方不合理 除了淀粉原料以外，曲、酶制剂用量过大时，酒醅中蛋白质分解过剩，产生大量酪氨酸，经酵母发酵生成干酪醇。干酪醇不仅苦，而且苦味持续时间很长。常用的几个原料蛋白含量在大米 7.5% 左右，高粱 8.2%，小米 9.7% 左右，玉米 8.5%，小麦、荞麦、大麦蛋白含量较高，在 10% ~ 12% 之间。麦类作物作为原料容易分解产生更多的氨基酸；而大多氨基酸本身味道偏苦，同时也容易成为苦味物质的前体物，所以麦类做酒往往偏苦。例如五粮液配方：高粱 36%、大米 22%、糯米 18%、小麦 16%、玉米 8%。经过千年演变，最终形成了五种原料的科学配比，这一配比十分符合人体对五谷杂粮营养成分的需求。解决方案：严格控制发酵剂的用量，尤其是在夏天时，原料配方合理。

（3）操作不当

① 在酿酒过程中由于酒醅管理不善侵入大量杂菌，使酒苦味增强。不良酒曲用于生产也使酒带有苦味。

② 发酵过程本身没有感染杂菌，但是由于入窖温度高导致升温过猛，原料被过度分解产生苦味。

③ 蒸馏时大火大汽，把邪杂苦味带入酒内。大多数苦味成分是高沸点物质。蒸馏时，温度高，压力大，把一般情况下蒸不出来的苦味成分也蒸发出来了。酒头中丙烯醛等低沸点苦味成分较多，酒尾中杂醇油等高沸点苦味成分较多。

④ 窖池管理不善，使封窖泥开口而感染杂菌，特别是青霉菌，通过蒸馏带入酒中。

⑤ 糟醅没用完，堆积时间过久而感染杂菌等。

⑥ 起窖粗放，使封窖泥中夹入大量的糟和糠壳，导致封窖不好、漏气而感染霉菌；环境卫生没做好，带入杂菌。

2.解决方案

要坚持掐头去尾的同时进行量质摘酒，适温馏酒。

二、辣味

其实白酒有辣味是正常的，但过辣就不正常了，其辣味是由过高的醛类（糠醛、乙醛、丙烯醛）、杂醇油、硫醇等引起。

1.产生原因

（1）辅料用量过大，比如糠量大，糠清蒸不彻底，其中的多缩戊糖受热后生成较多的糠醛，具有糠皮味和燥辣味。发酵温度高，操作不当，酒醅污染大量杂菌。特别是异乳酸菌作用于甘油后，会产生刺激性极大的丙烯醛，同时使酒醅生酸过多，白酒酸味也增强。

（2）发酵前火猛，就是前期时发酵过猛，原料提前利用，酵母早衰，使酵母生存环境恶劣，生成较多的乙醛，乙醛使酒的辣味增强。

（3）蒸馏控制

① 蒸馏时温度低，影响低沸点辣味物质的逸散，酒的辣味较大。一般馏酒温度控制在 20 ~ 25℃，温度过高造成过量的挥发造成损失。

② 未经储存的新酒，辣味大。

2.解决方案

在一定温度下，经过一段时间储存，低沸点的异味物质排出，乙醇分子与水分子缔合成大分子，酒逐渐变得绵软，辣味就不那么突出了。

三、酸味

白酒中的酸虽然是一种重要呈味物质，但过酸则影响风味，降低质量。白酒酸味太大，主要原因是发酵过程中酒醅生酸过大导致。关于酒醅酸度大的主要原因有以下几点。

① 工艺不卫生，产酸菌大量入侵。

② 酒醅中蛋白质过剩，曲大、酵母量大。

③ 温度高，水分大，发酵期长，淀粉浓度高。此外，蒸馏时，不能合理地除去酒尾，致使高沸点含酸较高的成分流入酒内，使酒中酸味成分增多。

四、涩味

白酒中呈涩味，多是由酸、辣、苦味（比例失调）三者不均衡，失去了合理的比例所造成的，涩味一般都与苦味相伴而出现涩苦。主要成分有杂醇油、单宁、木质素及由木质素、单宁分解的化合物——阿魏酸、香草酸、丁香酸等。香草酸、丁香酸是白酒重要风味物质，但含量过高时使酒体呈涩味。乳酸过多也呈涩味。可以从以下几方面控制涩味。

（1）原料处理　禁止使用霉变的原料或单宁和木质素含量较高的原料，如带壳高粱、糠壳用量不宜多。发酵时，未经处理和清蒸，蒸酒时又用大火大汽，会给成品中带入较多的涩味成分。

（2）发酵管理　用曲量过大，大曲质量低劣或感染青霉菌，窖池管理不善，生产环境不卫生，污染较多的杂菌，酒醅乳酸含量过大时，使酒呈苦涩味。发酵期长，发酵管理又不好，翻边透气，会使涩味较大。发酵速度过快，也会增加涩味成分。

（3）储存管理　酒与钙接触，如酒在石灰血料涂抹的酒篓里存放时间过久，容易产生涩味。

（4）馏酒管理　馏酒过快会增加涩味成分，应降低馏酒速度。

五、臭味

白酒中产生臭味的物质有硫化氢、硫醇、乙硫醚、游离氨及高级醇类等。形成臭味较大的主要原因有以下几点。

① 酿造过程中蛋白质过剩，为产生大量杂醇油及含硫化合物提供了原料。比较常见的麦类原料在发酵时，由于蛋白含量高，氮源丰富，容易使微生物繁殖过快，酸度上升，同时对蛋白分解过度形成硫化物。

这就要求对于麦类蛋白高的原料发酵时一定要注意发酵温度控

制，调节发酵速度，建议使用蛋白分解能力、糖化能力、酒化能力比较协调稳定的安琪酒曲来进行发酵。脂肪含量高的原辅料，如未脱胚的玉米，因脂肪的氧化而产生油哈味或油臭味。

② 发酵环境卫生不好，杂菌大量入侵，也是形成臭味的重要原因。卫生不好，杂菌大量入侵，如厌氧的硫化氢菌，入池后生成硫化氢能力最强，能使酒醅又黏又臭，给酒中带来极重的臭味。这就需要生产过程注意环境卫生，尤其是对于液态和半固态发酵工艺，要定期使用花椒水、高锰酸钾等清洗发酵设备。

③ 蒸馏时出现大火大汽，使酒醅中含有的含硫氨基酸在有机酸影响下产生大量硫化氢。与此同时，一些高沸点物质如番薯酮也被蒸出，使酒臭味增大。

六、油味

酒中油味产生的主要原因如下。

① 采用含油脂高的原料及辅料，特别是玉米、米糠等脂肪含量较高的原辅料，在温度高、湿度大的情况下腐败变质，脂肪分解，产生讨厌的油腥气。比较常见的就是玉米液态发酵容易产生油哈味。

② 摘高度酒时，没有恰当地截去酒尾，以致将酒尾中含量较多的水溶性高级脂肪酸酯带入成品中，这类物质不光会造成油味的形成，也容易造成白酒的浑浊现象。

③ 使用了涂油或涂蜡的容器储酒，这就直接给酒体带入了油味。

七、咸味

白酒中如有少量呈味的盐类（NaCl），能促进味觉的灵敏，使人觉得酒味浓厚，并产生谷氨酸的鲜味感觉。若过量，就会使酒变得粗糙而呈咸味。

咸味在酒中超量的主要原因如下。

① 由于酿造用水含有碱性金属离子物质，最终使酒呈咸味。

② 由于酿造用水硬度太大，携带 Na^+ 等金属阳离子及其盐类物质，未经处理用于酿造。

③ 有些酒厂由于地理条件的限制，酿造用水取自农田内，逢秋收后稻田水未经处理（梯形滤池）就用于酿造，也能造成酒中咸味重。因为稻谷收割后，露在稻田面的稻秆及其根部随翻耕而腐烂，稻秆（草）本身有很重的咸味物质。

八、糠味

白酒中的糠味，主要是不重视辅料的选择和处理的结果，使酒中呈现生谷壳味。

糠味产生的主要原因如下。

① 辅料没精选，不合乎生产要求，常常在糠味中夹带土腥味和霉味。

② 辅料没有经过清蒸消毒。

九、腥味

白酒中的腥味往往是铁、锡等金属离子造成的，常称之为金属味，是舌部和口腔共同产生的一种带涩味感的生理反应。白酒中的腥味产生的主要原因如下。

① 盛酒容器用血料涂篓或封口，储存时间长，使血腥味物质

溶到酒中。

② 用未经处理的水加浆勾调白酒，直接把外界腥臭味带入酒中。

十、焦煳味

白酒中的焦煳味，来自于生产操作不细心，不负责任、粗心大意的结果。其味就是物质烧焦的味道，例如：酿酒时因底锅水少造成被烧干后，锅中的糠、糟及沉积物被灼煳烧焦产生焦味。

酒中存在焦煳味的主要原因如下。

① 酿造中，直接烧干底锅水，烧灼焦煳味直接串入酒糟，再随蒸汽进入酒中。

② 地甑、甑箅、底锅没有洗净，经高温将残留废物烧烤、蒸焦产生的煳味。

十一、馊味

酒中馊味的主要原因如下。

① 量水温度过低而感染乳酸菌。

② 环境卫生没做好。

③ 糟醅在润粮后堆积时间过长而感染乳酸菌；晾糟时间过久，糟醅入窖后未能及时封窖而感染杂菌等。

十二、倒烧味

产生倒烧味的主要原因如下。

① 入窖时，如果粮糟水分过低，如低于 52% 时可能会出现霉

菌繁殖而产生升温现象，酒中有明显发烧的味道。

② 出窖糟在现场堆放过久，特别是夏季，就会使糟醅感染霉菌而引起发热，导致酒色发黄，产生倒烧味。

十三、霉味

霉味也是因为感染霉菌引起的，主要原因如下。

① 入窖糟水分过低，或入窖糟中混有霉变糟等。

② 用糠量过大，现场卫生没做好。

十四、黄水味

① 如果在粮糟蒸馏时，底锅中回入黄水，特别是黄水质量差时，黄水味更明显。所以一般要求黄水不能回到粮糟底锅，而是回到丢糟底锅中，所得酒称为"丢糟黄水酒"。"丢糟黄水酒"一般不能进入基酒中，而是稀释后回窖养窖，或回底锅中重蒸。

② 黄水滴窖不尽，使发酵糟中含有大量黄水，使酒中呈现黄水味。

十五、底锅水味

传统生产中要求每甑必须更换底锅水，但生产中有时因为工人操作不注意或因懒惰而没有及时更换底锅水，就会给酒中带来底锅水味。尤其是中小厂，蒸馏过程中用燃料直接加热底锅，而底锅中因蒸馏过程带入糟醅中的有机成分进入底锅中，如果不及时更换则会煳锅从而带来煳味，或因在底锅中回入黄水而没有及时更换清水所致。所以生产中一定要严格要求每甑更换底锅水。

十六、其他杂味

① 使用劣质橡胶管输送白酒时，酒将会带有橡胶味。

② 蒸馏时，上甑不均和摘酒不当，酒中带稍子味。

第四章

白酒中微量成分对酒体风格的影响

❀ 第一节　酒体风味物质形成概述

一、风味物质形成要素

白酒是中国传统的工业产品，因为天然的多种微生物、开放式固态发酵等独特的生产工艺，形成不同香型的独特风味。

白酒中主要成分是乙醇（酒精）和水，其中乙醇和水约占总量98%，微量成分只占2%，决定白酒品质优劣的不是98%，而是2%。这2%中包括酸、酯、醇、醛等种类众多的微量化合物，这些成分决定着白酒的风格。影响白酒风味的因素很多，主要有地理环境、酿酒原料、酒曲、发酵容器、生产工艺、储存、勾兑技术等。

任何一款酒都有其特有的气质，这气质以酒的特有风味进行呈现，而在这气质的背后蕴藏着这酒与之俱来的生态密码。生态从根本上给白酒定了型，即使在不同的地域使用相同的技艺、人员、原辅料，永远只能酿成主体风格相近，细节风味却存在差异的白酒。

白酒中香味成分的及其量比关系是影响白酒风格和质量的关键因素。

二、白酒风味成分三部分

四川大学陈益钊教授根据微量成分在酒中的地位和作用，把它划分为三大部分：色谱骨架成分、协调成分和复杂成分。其中色谱骨架成分含量为 2 ~ 3mg/100mL。协调成分是指对白酒的香和味起着综合、平衡和协调作用的成分，含量一般大于 2mg/100mL。

浓香型白酒中的乙醛、乙缩醛、乙酸、乳酸、己酸、丁酸这 6 种成分就是协调成分，前 2 种对香气起协调作用，后 4 种主要对味起协调作用。复杂成分是指含量小于 2mg/100mL 的成分。白酒的骨架成分有二十多种，主要由以下 4 类物质构成：乙酯、杂醇、醛类和有机酸。白酒中的任何成分同时具有两个方面的作用：一是对香气的贡献；二是对味的贡献。任意一种物质对香气和对味的贡献各不相同。有的对香气的贡献大，对味的贡献小；有的则刚好相反。白酒中所有成分对香气贡献的总和就是白酒的香，所有成分对味贡献的总和就是白酒的味。香和味贡献的总和并非各个成分各自香和味贡献的简单叠加。

1.白酒的色谱骨架成分

以浓香型白酒为例，它们是乙酸乙酯、乳酸乙酯、己酸乙酯、丁酸乙酯、戊酸乙酯、甲酸乙酯、异戊醇、正丁醇、异丁醇、正丙醇、正戊醇、正己醇、乙醛、乙缩醛、糠醛、2,3-丁二酮、乙酸、乳酸、己酸、丁酸、丙酸、戊酸、异戊酸等。骨架成分占香味成分总量约 95%，其类别约占 20%。80% 复杂成分仅占香味成分总量的 5%。

上述列举的是浓香型白酒的一般骨架成分，对其他香型而言，骨架成分会发生变化。例如，米香型"三花酒"，其 β-苯乙醇含量较高，β-苯乙醇就是这种香型白酒的色谱骨架成分之一。一般来说，香型不同、风格不同，其色谱骨架成分的构成情况也不同。

2.白酒的协调成分

浓香型白酒中醛类和酸类物质就是协调成分，醛类物质对香气有较强的协调功能，酸类物质对味具有极强的协调功能。但是前提是乙醛和乙缩醛必须协调，四大酸之间必须协调，这两类物质与其他成分必须协调。

在白酒生产过程中要解决以下四个方面的问题：香的协调、味的协调、香和味的协调、风格（即典型性）。

香与味的协调，主要包括两个方面：

① 主导香气的骨架成分的构成是否合理，是否符合香与味的客观规律。

② 骨架成分的构成是否符合常理，是哪些物质起着综合平衡协调的作用。这就是所谓的"协调成分"问题。

白酒中各种成分的香气是不相同的，有的差异还相当大。如何使各种成分形成白酒的香气是一种整体行为，不是单体香突出，也不是香出多门（香气杂乱），这就是各种香气的协调问题。与此相似，各种成分的多种味道如何进行调和，协调一致，这就是味的协调问题。再一个问题是香气和口味之间如何协调。最后就是各种香和味的协调形成白酒的独特风格。

3. 白酒的复杂成分

科研工作者在我国白酒进行色谱分离检测方面做了大量工作，确证了白酒成分的多样性和复杂性。复杂成分含量都小于 2mg/100mL，大多在 pg 或 ng 这个数量级，注意，mg、μg、ng、pg 分别表示毫克、微克、纳克、皮克，它们之间是 1000 倍的关系，即 1mg=1000μg，1μg=1000ng，1ng=1000pg。

根据已有资料整理，浓香型白酒的复杂成分分类如下。

（1）酸类　甲酸、丙酸、异丁酸、异己酸、羟基异己酸、庚酸、辛酸、异辛酸、壬酸、癸酸、异癸酸、棕榈酸、油酸、亚油酸、十六碳烯酸等。

（2）酯类　丙酸乙酯、庚酸乙酯、辛酸乙酯、壬酸乙酯、癸酸乙酯、异丁酸乙酯、异戊酸乙酯、油酸乙酯、亚油酸乙酯、己酸丙酯、甲酸丁酯、乙酸丁酯、甲酸戊酯、乙酸异丁酯、乙酸异戊酯、丁酸戊酯、乳酸异戊酯等。

（3）杂醇油　异丙醇、叔丁醇、仲戊醇、叔戊醇、异己醇、庚醇、正辛醇、仲辛醇（2-辛醇）、异辛醇、十一醇、十二醇（月桂醇）、丁二醇、丙三醇（甘油）、甘露醇、赤藓醇、阿拉伯醇、环己六醇等。

（4）醛类　甲醛、丙醛、丁醛、异丁醛、戊醛、异戊醛、正己醛、正庚醛、苯甲醛、丙烯醛等。

（5）酮类　丙酮、丁酮、2-戊酮、2-己酮、3-羟基丁酮、2,3-丁二酮（双乙酰）。

（6）芳香族化合物　β-苯乙酸、对甲酚、2,4-二甲基酚、间乙基苯酚、异丙基苯酚、愈创木酚、4-甲基愈创木酚、4-乙基愈创木酚、丁香醛、丁香酸、苯甲酸、呋喃甲酸（糠酸）、香兰醛、香草酸、阿魏酸等。

（7）含硫化合物　甲硫醇、乙硫醇、二甲基硫醚、二乙基硫醚、二甲基二硫化物、烯丙基硫醇。

（8）含氮化合物　吡嗪类化合物，如4-甲基吡嗪；氨基酸，如甘氨酸、丙氨酸、丁氨酸、丝氨酸、天冬氨酸、谷氨酸、蛋氨酸等。

我们不能错误地认为骨架成分比复杂成分更重要，也不能认为复杂成分比骨架成分重要，应该说两种成分同样重要。

在勾兑调味时，在一些情况下，复杂成分的综合作用影响骨架成分的协调关系。

① 复杂成分的典型性直接影响或决定酒的质量水平及风格典型性。因此我们可以利用复杂成分的典型性快速开发新产品。

注意：不正常的复杂成分在酒中含量过多可使酒变差甚至变坏。

② 复杂成分直接影响酒的质量。如固态法白酒、液态法白酒、新型白酒，质量差异大的主要因素就是复杂成分含量的不同。

③ 复杂成分对风格水平有重要稳定作用。骨架成分稍有不同，复杂成分总量和含量相近，其风格水平基本稳定。

第二节　酸类物质的作用和性质

一、概述

酸类物质是白酒中味的主体，是白酒中酯类物质的稳定剂，能与其他香味物质共同组成白酒固有的芳香，同时具有烘托和缓冲香气的作用。

酸类化合物一部分来源于原料，大部分是由糖、蛋白质、脂肪等被微生物发酵转变生成。白酒中总酸大多在 0.4 ~ 2.0g/L 之间，如果超过 2.0g/L 就是过酸，而低于 0.4g/L 为缺酸。这与白酒的香型、质量、执行的标准、酒体设计、调酒师的水平有关。

白酒所含的有机酸，分为挥发性酸和非挥发性酸两类。

挥发性酸以甲酸、乙酸、丙酸、丁酸、戊酸、己酸、庚酸、辛酸为主，它们对主体香起到烘托作用，又起着缓冲作用。除甲酸外，这些酸在酒内起到调节味道的作用，特别是与酒味道的长短有关。其中以乙酸为主，一般在白酒中的含量达 0.5 ~ 1mg/L，由于它能挥发又具有刺激作用，所以适当的含量能烘托酒的主体香，使香气突出、明朗，但过量时又会抑制、冲淡主体香，同时酸和醇的亲和性强，能形成酯，增加酒香，减少酒的刺激性。挥发酸既是呈香物质又是呈味物质，这些酸与白酒的后味关系很大。

非挥发性酸以乳酸为主，其次有苹果酸、酒石酸、柠檬酸、琥珀酸、葡萄糖酸等。

非挥发性酸比较柔和，能和很多成分亲和，能调和酒味，对酒的后味起着缓冲、平衡作用，减少烈性，但非挥发酸缺乏香气。

酸类化合物在白酒中的呈味作用似乎大于它的呈香作用，它的呈味作用主要表现在贡献 H^+，使人感觉到酸味。在浓香型白酒中酸占总香味成分的 14% ~ 16%，据总香味成分的第二位。构成总酸的主要成分是己酸、乙酸、乳酸、丁酸，约占总酸的 90%。

酸类是白酒的重要风味物质，是生成酯类的前驱物质，酸量过少，酒味寡淡后味短；过酸的白酒甜味减少，并失去回甜，酒味粗糙，使酒的风味和品质严重下降。

白酒中的各种酸类是伴随酒精发酵而产生的，当酒醅在不正常条件下发酵，如发酵温度过高，酸类就会增加，酒醅中的酸在蒸馏时随之进入酒液中，一般酒尾含酸高于酒身，酒身又高于酒头。大多数白酒最佳口感是 pH3.2 ~ 3.5。白酒含酸过量是白酒质量不佳的特征，所以白酒所含"总酸"量浓香型白酒一般不得超过 0.25g/100mL（以醋酸计）。

二、酸类物质的主要作用

1.减轻酒的苦味

白酒中的苦味物质有很多种，主要是由原料和工艺上的问题带来的。如酸量不足则酒苦，酸适量的话酒不显苦，因此酸含量把握至关重要。

酸在低温下较敏感，经冷藏的酒酸味更明显。酸味具有可变性，同种酸在浓度不同时，表现出气味也不同，如丁酸适量时呈现水果香，含量高时呈汗臭味。当溶媒不同时酸味感觉也不同。当酸综合含量和强度达到某一值时，白酒味觉到达转变点，出现不同的味觉感受。

2.增长酒的后味

挥发酸是构成酒的"后味"的重要物质之一，使酒回味悠长，即指酒的味感在口腔中保留时间延长。

3.增加酒的味道

人们在饮酒时，总是希望味道丰富。而有机酸能使酒变得口味丰富而不单一，勾调时尽量用多种酸而不是大量用一种酸。

4.减少或消除杂味

白酒口感的重要指标是净，即指酒没有杂味，更不能有怪味。在消除白酒杂味功能上，酸类比酯、醇、醛的作用更强。

5.促进甜和回甜

在色谱骨架成分合理的情况下，只要酸量适度，比例协调，可使酒出现甜味和回甜感。

6.消除燥辣，增加醇和度

酸类物质可连接酯类和醇类物质，可在一定程度上消除燥辣感，增加白酒的醇和度。

7.减轻水味

酸味觉的持久性，可适当减轻中、低度酒的水味。白酒中的酸与酒的后味有密切的关系，并且对香味成分起着重要助香作用。液态法白酒之所以缺乏固态发酵白酒的特有风味，其酸量不足是一个重要原因。

8.新酒老熟

酸是白酒老熟催化剂。它的组成情况和含量多少会影响酒的协调性和老熟的能力。控制好入库新酒的酸度，以及必要的协调因素，对加速酒的老熟起到很好的效果。

9.缓冲、平衡作用

适量的酸在酒中能起到缓冲、平衡作用，可消除饮酒上头、口味不协调等现象。适量的酸在储存过程中与醇反应能缓慢地生成酯类。

10.助香抑香作用

酸是白酒中的重要呈味物质，它与其他呈香、呈味物质，共同组成白酒所特有的芳香，帮助白酒放香，但是如含量过大，可能会抑制香气的释放，有压香的作用。

注意，酸含量过低也是酒体产生浮香的原因之一。

三、酸味强度

酸味是溶液中的氢离子造成的。但酸味的强度，未必与氢离子的浓度成正比，即使相同的 pH，无机酸的酸味也比有机酸的酸味弱。

酸味可以说是 pH 与总酸度两方面影响造成的，在相同 pH 的情况下，酸味强度的顺序如下：丁酸＞丙酸＞醋酸＞甲酸＞乳酸＞草酸＞无机酸。

各种酸有不同的固有的味，例如，柠檬酸有爽快味，琥珀酸有鲜味，醋酸具有愉快的酸味，乳酸有生涩味。酸味为饮料酒必要的成分，能给予爽快的感觉，但酸味过多过少均不适宜，酒中酸味适中可使酒体醇厚、丰满。

四、各种酸类物质

1.乙酸

分子式：CH_3COOH

分子量：60.05

沸点：117.9℃

香味阈值：2.6mg/L

溶解性：可与水、乙醇混溶。

感官特征：乙酸是挥发性酸，是白酒的重要香味物质，而且是许多香味物质的前体，可赋予白酒愉悦的香气，对酒的前香起重要作用。乙酸刺激性强，给酒带来愉快的酸香和酸味，但含量过多，使酒呈尖酸味和醋味；含量低，酒会出现粗糙感。

乙酸在白酒中含量较高，是构成清香型、米香型白酒典型特征的重要成分。经测试，在浓香型白酒中含量在 0.5g/L 以下为好，多则带醋味；酱香型白酒在 1.1g/L 左右；清香型白酒在 0.9g/L 左右；米香型白酒在 0.38g/L 左右。

乙酸是各种香型白酒中重要的调味剂，在原浆酒中的含量一般在 0.3 ~ 4.7g/L，适量加入白酒中可使酒体柔和，回味悠长，口感爽净。浓香型白酒乙酸占总酸 22% ~ 30%，清香型白酒总酸中 70% 是乙酸，酱香型白酒乙酸占总酸 38% ~ 50%，药香型董酒在 2.3g/L 左右，是所有白酒中含量最高的，但又不是形成它典型特征的主要成分。

适当添加乙酸能消除乳酸的收敛性和苦涩感，赋予白酒的爽口感。

2.己酸

分子式：$CH_3(CH_2)_4COOH$

分子量：116.16

沸点：205℃

香味阈值：8.6mg/L

溶解性：溶于乙醇，微溶于水。

感官特征：己酸是挥发性酸，具有强的脂肪臭，有刺激感，似大曲酒气味，窖泥香且带辣味，过浓有强烈汗臭味。

在浓香型白酒中己酸的含量一般在 0.3 ~ 0.37g/L，使酒体后味窖香突出，具有浓厚感的功效，含量适当能增加白酒的浓郁感和丰满感，较柔和，过多有汗臭味，刺激性大。

己酸在浓香型白酒中酸类占比一般为30%～40%，排列第二位，仅次于乙酸。若当它含量超过乙酸，排在第一位时，酒质更好。在浓香型白酒的调味酒中，己酸含量超过乙酸含量。在酱香型白酒中约在0.21g/L；在清香型白酒中约为0.002g/L，多则影响其风格特征；米香型白酒约为0.16g/L；药香型白酒含量约为0.8g/L，在各香型白酒中相对含量是最高的。

3.乳酸

分子式：$CH_3CH(OH)COOH$

分子量：90.08

沸点：122℃

香味阈值：<350mg/L

溶解性：溶于水、乙醇。

感官特征：乳酸是不挥发性酸，微酸有涩味，香气微弱，适量会使酒质醇和浓厚，过多则发涩；乳酸比较柔和，它给白酒带来良好的风味，是白酒的重要呈味物质，而且是许多香味物质的前体。同时也影响酒的回甜，溶解其他成分定香。乳酸使酒体具有浓厚感，后味圆润、厚实，但有特异收敛性。

浓香型白酒中乳酸在酸类物质中占比18%～23%，清香型白酒中乳酸占总酸的23%～30%，酱香型白酒中乳酸占总酸的30%～35%。在浓香型白酒中乳酸含量偏大为好，实测含量为0.16～0.38g/L；酱香型白酒为1g/L左右；清香型白酒为0.28g/L左右；米香型白酒为0.5～0.66g/L；药香型董酒在0.39g/L左右。乳酸在酱香型白酒中含量最高，在米香型白酒中作用最大。

4. 丁酸

分子式：$CH_3(CH_2)_2COOH$

分子量：88.12

沸点：163.5℃

香味阈值：3.4mg/L

溶解性：与乙醇、甘油混溶。

感官特征：丁酸属于挥发性酸，有轻度黄油臭味，似大曲酒气味，窖泥香且带甜味，过浓呈汗臭味。

有些不成功的浓香型白酒中含丁酸多，臭味较突出，但含量适当时会使酒有种轻微的窖香。在药香型白酒含量最高。在浓香型、酱香型白酒中丁酸占总酸的5%，含量一般在8～150mg/L。在白酒与乙酸等酸类协调配合，使酒体后味悠长、醇厚、清爽。

5. 戊酸

分子式：$CH_3(CH_2)_3COOH$

分子量：102.13

沸点：185℃

香味阈值：＞0.5mg/L

溶解性：与乙醇混溶，微溶于水。

感官特征：戊酸具有脂肪臭，似丁酸样气味，过浓有强烈汗臭味。

在白酒中的含量一般为2～229mg/L，在清香型、米香型中含量少，适量可使酒体厚实，尤其是增加酒的后味。

❖ 第三节　酯类物质的作用和性质

一、作用

酯类是白酒中香气物质的主体，决定着白酒的风格。

1.主导香气作用

在浓香型白酒中酯类约占微量成分总量的 60% 左右，白酒中的酯类大都具有令人喜爱的香气，一般优质白酒总酯的含量都高，在 200 ~ 500mg/100mL 之间。

2.具有修饰、烘托香气作用

含量中等的一些酯类，由于它们的气味特征有类似其他酯类的气味特征。因此，它们可以对酯类的主体气味进行"修饰""补充"，使整个酯类香气更丰满、浓厚。例如乳酸乙酯、丁酸乙酯等。

3.具有香气持久、稳定香气作用

含量较少或甚微的一类酯大多是一些长碳链酸形成的酯，它们的沸点较高，果香气味较弱，气味特征不明显，在酒体中很难明显突出它们的原有气味特征，但它们的存在可以使体系的饱和蒸汽压降低，延缓其他组分的挥发速度，起到使香气持久和稳定香气的作用。

4.增加味道作用

酯类化合物具有特殊的呈香作用，而呈味作用往往被人们所忽

视，但酯类化合物在酒体中的呈味作用，从广泛意义上讲，并不会比酸类物质差。在其特定浓度下一般表现为微甜、带涩，并带有一定的刺激感，有些酯类还表现出一定的苦味。酯类物质的呈味作用一般表现在口腔的中部和前部，对后味的作用略低。

白酒中主要酯的放香大小顺序如下：己酸乙酯＞丁酸乙酯＞乙酸异戊酯＞辛酸乙酯＞丙酸乙酯＞乙酸乙酯＞乳酸乙酯。

酯类在口腔中按时间划分，呈香呈味的先后顺序为：乙酸乙酯＞丙酸乙酯＞乙酸异戊酯＞戊酸乙酯＞己酸乙酯＞庚酸乙酯＞辛酸乙酯。

二、各种酯类物质

1.乙酸乙酯

分子式：$CH_3COOCH_2CH_3$

分子量：88.11

沸点：77.2℃

香味阈值：17mg/L

溶解性：微溶于水，溶于醇、酮、醚、氯仿等。

感官特征：具香蕉、苹果香，味辣，有甜味，易挥发。

乙酸乙酯是清香型白酒的主体香，其含量可高达2.3g/L，占酯类总量的50%，乙酸乙酯、乳酸乙酯占酯类总量的80%。在浓香型白酒中乙酸乙酯含量在1～1.5g/L之间，占酯类总量的20%～28%。在芝麻香型白酒中乙酸乙酯含量大于0.3g/L。在白酒中，乙酸乙酯与其他香味成分配合，在喷香中起协调作用。除本身的作用外，对乙醛、乙缩醛的喷香起重要作用。

乙酸乙酯沸点较低，与水的相溶性好，在中低度酒中应有较高的含量。在老白干香型中必须小于乳酸乙酯。低沸点的酯类（如乙酸乙酯、丁酸乙酯）决定前香。

乙酸乙酯含量过多，则白酒口味燥辣、涩口，带有溶剂臭，在储存过程中容易挥发并发生逆反应，会大量减少。

乙酸乙酯对乙醛有制约作用，人体吸收后水解或酶解成酸类，可达到消炎和扩张血管的作用。

2. 己酸乙酯

分子式：$CH_3(CH_2)_4COOCH_2CH_3$

分子量：144.21

沸点：167℃

香味阈值：0.076mg/L

溶解性：溶于乙醇、乙醚，不溶于水。

感官特征：似菠萝香，浓香型曲酒香气。浓时呈辣味和臭味，稀时赋予白酒特殊的窖香。

己酸乙酯是浓香型白酒的主体香，一般含量为1.2 ~ 3.5g/L，占总香味成分40%，有浓香型大曲酒香，略带糟香，味甜、爽口，有浓厚味感。浓香型白酒中如果己酸乙酯含量低，那么香气短，味苦涩，适量时入口表现微甜。酿造酒中己酸乙酯等香味成分是生物途径合成，是一种复合香气，自然感强，故香味协调，且能持久。而外加己酸乙酯等香精、香料的酒，往往香大于味，酒体显单薄，严重影响酒质，给人一种厌恶的、刺激性强的香精味。己酸乙酯虽然起着主要的呈香作用，但必须有丁酸乙酯、乙酸乙酯、乳酸乙酯、己酸等成分的陪衬、烘托、平衡，否则会使酒味暴香，回味不足而单调，饮后有不快之感。己酸乙酯是清香型白酒的大忌，应严格控制其含量；酱香型高度白酒国标规定必须小于或等于0.4g/L；芝麻香型和凤香型国标规定不要超过1.2g/L。淡雅型白酒酒体设计时应降低己酸乙酯的含量，至于降多少，与其他成分的协调比例是多少，口感才最好，由个人水平决定。

3.乳酸乙酯

分子式：$CH_3CHOHCOOC_2H_5$

分子量：118.13

沸点：154℃

香味阈值：14mg/L

溶解性：易溶于醇类、酯类、烃类，与水混溶并部分分解。

感官特征：乳酸乙酯香弱，香不露头，多则苦涩，味微甜，适量有浓厚带甜的感觉，有定香作用，使酒香气淡雅。

乳酸乙酯是地道的老白干味的主体香，老白干酒中没有乳酸乙酯就失去了自己独特的风味，但含量过多时，则呈青草味、涩味，可决定后香。建议在中低度白酒中含量较多为好，利于去除水味和稳定酒体。

乳酸乙酯在白酒中既是重要呈香成分又是重要呈味成分。在浓香型白酒中占总酯的25%～30%。在清香型白酒中占总酯40%，一般含量在1～2g/L之间，略低于乙酸乙酯；在米香型中乳酸乙酯和β-苯乙醇共同构成酒的主体。老白干香型优级白酒中乳酸乙酯含量大于 0.3g/L，乳酸乙酯和乙酸乙酯比值为（1.5 ~ 2.0）：1。

乳酸乙酯是白酒色谱骨架成分中唯一既能与水又能与乙醇互溶的乙酯，它不仅在香与味方面作出贡献，而且起到助溶的作用。乳酸乙酯对克服低度酒的水味，增加浓厚感，有着特殊的功效。乳酸乙酯含量高，会影响酒的放香，会降低其他香气物质的嗅阈值，此时，乙醛和乙缩醛也应有所提高。乳酸乙酯过浓时呈青苹果臭，涩口、苦。

4. 丁酸乙酯

分子式：$CH_3(CH_2)_2COOCH_2CH_3$

分子量：116.16

沸点：121.3℃

香味阈值：0.15mg/L

溶解性：溶于乙醇，微溶于水，与酯类互溶。

感官特征：似菠萝香，有窖泥香，带脂肪臭，爽口。

丁酸乙酯在白酒中的含量不大，一般为 0.3g/L 以下，与己酸乙酯、庚酸乙酯等香气成分协调，是产生窖香浓郁的重要成分之一，在酒中含量不能多，否则会带来脂肪臭。丁酸乙酯浓时呈不愉快香味，略带臭，稀时呈朗姆酒香。在董酒中含量最高。

5. 甲酸乙酯

分子式：$CHOOCH_2CH_3$

分子量：74.08

沸点：54.3℃

香味阈值：150mg/L

溶解性：与乙醇混溶，微溶于水。

感官特征：似桃香，味辣，有涩感。

甲酸乙酯在白酒中的含量一般为 2 ~ 15mg/L，对白酒头香起协调作用，可使酒体香气清爽，是喷香的协调成分之一。

6. 庚酸乙酯

分子式：$CH_3(CH_2)_5COOCH_2CH_3$

分子量：158.12

沸点：188.6℃

香味阈值：0.4mg/L

溶解性：溶于乙醇、不溶于水。

感官特征：似苹果香，有脂肪臭。

庚酸乙酯在白酒中的含量不高，微甜，味醇和，轻微带涩。浓香型白酒中在 0.1g/L 以下为宜，似窖底香，后味单、淡；与丁酸乙酯协调，使窖香更突出，酒体更浓郁。酱香型白酒中含量为 0.5g/L 左右。清香型白酒、药香型董酒中未检出。

7. 乙酸异戊酯

分子式：$CH_3COO(CH_2)_2CH(CH_3)_2$

分子量：130.19

沸点：143℃

香味阈值：0.23mg/L

溶解性：与乙酸互溶，微溶于水。

感官特征：梨香，香蕉油香。

乙酸异戊酯是白酒中段主体香的协调成分，含量很少，但是对酒体的丰满有一定的贡献。乙酸异戊酯在浓香型白酒中含量约为0.02g/L；在酱香型白酒中含量0.026g/L左右；在药香型董酒中约为0.036g/L；清香型、米香型白酒中基本不含乙酸异戊酯。如白酒中乙酸异戊酯含量过高，会出现香蕉水的冲鼻气味，使酒体单调和带异味。

8. 戊酸乙酯

分子式：$CH_3(CH_2)_3COOCH_2CH_3$

分子量：130.18

沸点：145℃

溶解性：溶于乙醇，微溶于水。

感官特征：似菠萝香，味浓刺舌，又称"吟酿香"。

戊酸乙酯为白酒中的呈香成分，略有中药味，口感略涩。在浓香型白酒中含量以0.05 ~ 0.15g/L为好，有陈年底窖香的风格，味醇和而尾味浓厚，并可掩盖酒精之燥，与其他酯类协调，可使酒体丰满；酱香型白酒中含量约为0.06g/L左右；清香型和米香型白酒中基本不含或检测不出戊酸乙酯。在浓香型和酱香型白酒中含有微量的戊酸乙酯有助于提高酒中的陈味。

9. 辛酸乙酯

分子式：$CH_3(CH_2)_6COOCH_2CH_3$

分子量：127.27

沸点：206℃

香味阈值：0.24mg/L

溶解性：溶于乙醇，不溶于水。

感官特征：似梨或菠萝香。

辛酸乙酯在白酒中的含量很少，主要作为白酒的后香修饰剂，口感微甜。在浓香型白酒中含量 0.03g/L 时带窖香而醇和，对酒体的复合性有很好的促进作用，多则显燥；在酱香型白酒中含量约为0.01g/L；清香型、米香型、药香型白酒中基本不含辛酸乙酯。

10.丙酸乙酯

分子式：$CH_3CH_2COOCH_2CH_3$

分子量：102.13

沸点：99℃

香味阈值：3 ～ 10mg/L

溶解性：与乙醇互溶，不溶于水。

感官特征：似菠萝香，略有芝麻香，有脂肪臭，微涩。

丙酸乙酯在白酒中的含量很少，一般为 2 ～ 29mg/L。在浓香型白酒中一般为 10 ～ 29mg/L，能使低沸点酯类互相协调，使头香丰满，口感略涩。四特酒中含量最高，大于 30mg/L。

第四节　醇类物质的作用和性质

一、作用

大多醇类化合物沸点较低，易挥发，在挥发过程中拖带其他成分挥发，具有助香作用。少量的高级醇可赋予酒特殊的香味并衬托酯香，使香气更完美。多元醇具有自然的甜味。浓香型白酒中醇类占第三位，约为总香味成分的12%。

1.桥梁和纽带作用

在各类香型白酒中，醇类是醇甜和助香剂的主要物质，也是形成香味物质的前驱物质，醇与酸作用而生成各种酯，从而构成白酒的特殊芳香。醇是香与味的桥梁，在酒中起调和的作用。

2.增加醇甜和丰满感觉

可以通过控制异丁醇、异戊醇、正丙醇，并辅助适量的丙三醇和2,3-丁二醇来赋予白酒醇甜感觉。

3.增加香味，衬托酯香

白酒中含有少量的高级醇，赋予白酒特殊的香气，并起衬托酯香的作用。醇类还可以和酸结合生成酯，增加酒香。醇类中的β-苯乙醇是构成一些白酒风格香的必要成分，在豉香型白酒中含量最高，米香型次之。

4.缓和酒体，延长后味

醇类物质主要的刺激和呈味感觉在口腔中部。如果高级醇含量适当，则酒的味道就趋于缓和，苦涩味减少。

5.增加味道

高级醇在白酒中既是芳香成分，也是呈味物质，大多数似酒精气味，持续时间长，有后劲，对白酒风味有一定的作用。这些高级醇在酒中的含量多少，以及各种醇之间的比例，对白酒的风味有重要的影响。高级醇的味道并不好，大部分具有苦味，有的苦味重而且长。高级醇含量过少会失去传统的白酒风格；过多则会导致辛辣苦涩，给酒带来不良影响，而且容易上头，容易醉。含高级醇多的酒，常常带来使人难以忍受的苦涩怪味，即所谓"杂醇油味"。但醇类物质欠缺时，酒体口味不协调，反而使酒饮后更易上头。

二、各种醇类物质

1. 甲醇

甲醇别称羟基甲烷、木醇、木精。

分子式：CH_3OH

分子量：32.04

沸点：64.7℃

香味阈值：150mg/L

溶解性：与水完全互溶。

感官特征：气味似乙醇，柔和、芳香。

所有白酒中都含有极微量的甲醇，GB 2757—2012《蒸馏酒及其配制酒食品安全》国家标准规定，以谷类为原料的白酒中甲醇含量 ≤ 0.6g/L，以其他为原料的白酒中甲醇含量不得超过 2.0g/L。事实上，只要按正常酿造工艺组织生产，即使是普通白酒，甲醇含量也不至于超过这一限量标准。甲醇是宿醉的原因之一。

甲醇对人体有低毒，因为甲醇在人体新陈代谢中会氧化成比甲醇毒性更强的甲醛和甲酸（蚁酸），因此饮用含有甲醇的酒可引致失明、肾衰竭，甚至死亡。误饮 4mL 以上就会出现中毒症状，超过 10mL 即可因对视神经的永久破坏而导致失明，30mL 已能导致死亡。初期中毒症状包括心跳加速、腹痛、上吐（呕）、下泻、无胃口、头痛、头晕、全身无力。

2.异丁醇

分子式：$(CH_3)_2CHCH_2OH$

分子量：74.12

沸点：107℃

香味阈值：75mg/L

溶解性：溶于乙醇，微溶于水。

感官特征：有微弱的异戊醇气味，微苦，口味差。

异丁醇在白酒中微量存在，与异戊醇统称为杂醇油，味微苦，稍具涩味。在浓香型白酒中含量一般为 0.1 ~ 0.3g/L，酱香型白酒中含量约为 0.18g/L，清香型白酒中约为 0.12g/L，药香型董酒中约为 0.38g/L，米香型白酒中约为 0.44g/L。

3.异戊醇

分子式：$(CH_3)_2CH(CH_2)_2OH$（还有其他异构体）

分子量：88.15

沸点：132.5℃

香味阈值：6.5mg/L

溶解性：溶于乙醇，微溶于水。

感官特征：有杂醇油特有的气味，略有芳香，有刺舌感觉，微涩，稍带甜味。

异戊醇在白酒中是既呈香又呈味的重要醇类物质之一，有助于酒体丰满，可提高酒香纯度和味感，对稳定酒的风格起重要作用。如果没有异戊醇或异戊醇含量偏低，会失去白酒的典型风格和自然感。

异戊醇在浓香型白酒中的含量一般为 0.25 ～ 0.6g/L，0.38g/L 左右为最好，含量高时前浓后燥，带异臭味；在酱香型白酒中含量为 0.46 ～ 0.8g/L；在清香型白酒中含量为 0.3 ～ 0.5g/L，与浓香型和酱香型白酒差不多，这说明适量的异戊醇不会产生怪杂味，不影响清香型白酒一清到底的风格；在米香型白酒中含量为 0.86g/L 左右；在药香型董酒中含量与米香型接近或略高。

4.正丙醇

分子式：$CH_3CH_2CH_2OH$

分子量：60.1

沸点：97.1℃

香味阈值：＞720mg/L

溶解性：混溶于乙醇及水。

感官特征：似醚臭，有苦味。

正丙醇香气清雅，单独品尝有较重的苦味，带轻微的燥感，但在白酒中没有苦味的感觉，对提高白酒的浓陈味有一定的贡献。正丙醇在白酒中是主要的呈味物质，与其他醇类配合可使酒体前驱香，后味感厚实，味甜而具刺激感。

白酒中大多含有一定量的正丙醇。酱香型白酒中含量一般在 0.6g/L 左右，高时可达 1.6g/L 以上，有人认为酱香型白酒香味的形成与正丙醇有较大关系；药香型董酒中含量一般在 1g/L 左右；浓香型白酒中含量一般在 0.16g/L 左右为最好，多则闷而不爽，新窖和人工培养窖正丙醇含量较高，均在 0.3g/L 以上，酒味辛、不丰满；米香型白酒含量为 0.18 ~ 0.28g/L 左右；清香型白酒中含量低，一般为 0.2g/L 左右。

正丙醇既可与水、乙醇互溶，也可其他乙酯互溶。正丙醇既可以把不溶于水的乙酯和杂醇油等带入水中，又可把不溶于酯和杂醇油的水带入酯和杂醇油中，故选择基础酒时，正丙醇含量稍高，对克服低度酒的水味和提高品质有很大的好处。

5. 正戊醇

分子式：$CH_3(CH_2)_3CH_2OH$

分子量：88.15

沸点：137.5℃

香味阈值：80mg/L

溶解性：溶于乙醇等多数有机溶剂，微溶于水。

感官特征：味呈刺激臭，似酒精气味。

正戊醇在白酒中的含量一般在 7 ~ 22mg/L，是白酒中既呈香又呈味的醇类物质之一，有助于提高酒体厚实感、自然感，有使酒味回味悠长的作用。

6. 仲丁醇

分子式：$CH_3CH(OH)CH_2CH_3$

分子量：74.12

沸点：99.5℃

香味阈值：＞10mg/L

溶解性：溶于乙醇。

感官特征：有较强的芳香，爽口，味短。

仲丁醇在白酒中的含量一般在 18 ~ 100mg/L，基本无香气，能减轻闷感，延长后味，有助于酒体入口有绵软、醇和的口感，与其他酯类协调，可使酒香突出、醇和。含量过高则带杂味，辛、涩。

7. β-苯乙醇

分子式：$C_6H_5CH_2CH_2OH$

分子量：122.18

沸点：219.5℃

香味阈值：30mg/L

溶解性：溶于乙醇，溶于水。

感官特征：似玫瑰香，持久性强，带甜味，微苦涩。

β-苯乙醇在白酒中的含量一般为 68 ~ 202mg/L，是白酒中重要的呈香呈味物质，可使酒体丰满，后味厚实、甜爽。在清香型和米香型酒中含量高，一般为 110 ~ 202mg/L，是米香型的主体香之一。

8. 2,3-丁二醇

分子式：$CH_3CH_2(OH)CH_2(OH)CH_3$

分子量：92.12

沸点：183 ~ 184℃

香味阈值：45mg/L

溶解性：溶于乙醇，与水混溶。

感官特征：有甜味，可使酒发甜，口尝稍带苦味。

2,3-丁二醇有如中药甘草，有调和各味的作用，在浓香型白酒中的含量以 0.02 ~ 0.08g/L 为宜，以偏大为好；在酱香型白酒中含量为 0.06g/L 左右；在清香型白酒和药香型董酒中约为 0.03g/L。

2,3-丁二醇在酒体中与双乙酰、醋嗡配合产生特殊韵味的口感和香气，微带"酸馊味"，对白酒的典型风格和韵味起到十分重要的作用，可使酒体后味丰满、圆润，对喷香有特殊贡献。在适量范围内，好白酒比一般白酒含量高。

9.丙三醇

分子式：$CH_2(OH)CH(OH)CH_2OH$

分子量：92.1

沸点：290℃

香味阈值：0.1 ~ 1.0mg/L

溶解性：混溶于乙醇及水。

感官特征：味甜，有黏性，使酒体柔和，有浓厚感。

丙三醇在白酒中的含量一般为 8 ~ 40mg/L，在白酒中是主要的呈味物质，对避免低度白酒的水味有一定的作用，适量添加可使酒体后味圆润，并有掩盖苦味、辣味的作用。

第五节　醛酮类物质的作用和性质

一、作用

1.提扬香气

醛酮类物质在浓香型白酒中占微量成分总量的 6% ~ 8%。少量的乙醛是白酒中有益的香气成分。醛类可协调香气的释放，并提高香气的质量。醛类沸点低，易挥发，可以提扬其他香气分子挥发，尤其是酒液入口时，很容易挥发，起到提扬香气和突出入口喷香的作用。

2.增强刺激感

醛类物质赋予酒体较强的刺激感，也就是人们常说的酒劲大的原因，是造成刺激性和辛辣味的主要成分。如果一般白酒中出现酒味辣燥、刺鼻现象，并有焦苦味出现，那必定是酒中含糠醛较高的缘故，一般高于 0.03g/100mL 就会出现上述现象。乙醛属于中等极性，易溶于水，与水形成水合乙醛。乙醛对感官味觉的刺激，应理解为水合乙醛和乙醛的共同作用。

3.烘托香气作用

少量醛类可以增强酒的放香，能使酒形成优美的风味，如乙醛是白酒头香的主要物质，糠醛是酒香的重要物质，不少好酒都含有一定量的糠醛，一般含量为 0.002 ~ 0.003g/100mL。其他如异戊醛、正己醛、香草醛等，也能使酒形成优美的风味。双乙酰和醋嗡带有特殊气味，较易挥发，它们与酯类协调，使香气丰满而带有特殊性，并能促进醇类香气的挥发，在一定范围内，它们的含量稍多能提高浓香型白酒的香气品质。

4.增强口味

乙醛似果香，味甜带涩。一般优质白酒，每 100mL 中含乙醛都超过 20mg。乙醛和乙醇又进一步缩合成乙缩醛。酒中的乙缩醛含量较大，有的优质白酒能达到100mg/100mL以上，成为酒中的主要成分之一。这两种成分在优质酒中的含量比普通白酒高2~3倍，它们有清香味，具有酒头气味，适量时对增强口味作用很好。其余的醛类成分含量甚微，以异戊醛香味较好，似杏仁味带甜。糠醛呈微金黄色，有香蕉香并带苦涩味。但是糠醛含量过高时，呈现极重的焦苦味，这种焦苦味使人反感。过量的醛类会使白酒具有强烈的刺激味与辛辣味，饮用这种酒后会引起头晕。醛类是酒中辛辣味的主要来源。

5.乙醛具有携带作用

物质的携带作用必须具备两个条件：一是它本身具有较大的蒸汽分压；二是它与所携带的物质在液相、气相均要有好的相溶性，乙醛与酒中的醇、酯、水都有很好的相溶性。相溶性好者才能给人以复合型的嗅觉感。白酒的溢香和喷香与乙醛的携带作用有关。

6.阈值的降低作用

人们对某种物质香味成分感知的最低浓度，称为阈值。各厂在白酒的勾调过程中，有一个共同的经验：当使用含醛量高的酒时，其闻香明显加强，对放香强度有放大和促进作用，这是对阈值的影响。阈值不是一个固定值，在不同的条件下，有不同的值。乙醛的存在，对可挥发性物质的阈值有明显的降低作用，白酒的香气变大了，提高了放香效果。当然其中也有掌握好尺度的问题。

7.掩蔽作用

在制作低度酒时，会出现香与味脱离的现象，其原因一是香味骨架成分的不合理性；二是没有处理好四大酸与乙醛和乙缩醛的关系。四大酸主要表现为对味的协调功能；乙醛、乙缩醛主要表现为对香的协调功能。酸压香增味，乙醛、乙缩醛提香压味。若处理好这两类物质间的平衡关系，就不会显现出有外加香味成分的感觉，体现复合香，提高了酒中各成分的相溶性，掩盖了白酒某些成分过分突出的弊端，故从这个角度讲，醛具有掩蔽作用。

二、各种醛酮类物质

1.乙醛

分子式：CH_3CHO

分子量：44.06

沸点：20.8℃

香味阈值：1.2mg/L

溶解性：与乙醇、水混溶。

感官特征：有水果香，具刺激感，味甜带涩。

乙醛能促进放香，消除沉闷感，是形成优美酒头香的主要物质。

极微量的乙醛与乙醇相配合即可使酒具有辣味，但富有亲和性，可以和乙醇缩合，减少醛醇的刺激。

乙醛在白酒中的含量一般为120～360mg/L，使酒体前驱香与乙缩醛、其他低沸点酯类协调，对喷香起十分重要的作用，使酒体无沉闷感，显清爽。处理好乙醛、乙缩醛之量及比例关系对解决香气单调、个别香突出或香气不明显，达到香气平衡和协调，十分重要。乙缩醛：乙醛 = 1：（0.2～0.3）之间比较合适。

2. 乙缩醛

分子式：$CH_3CH(OCH_2CH_3)_2$

分子量：118.18

沸点：102.7℃

香味阈值：50mg/L

溶解性：与乙醇混溶，微溶于水。

感官特征：具有醛的特殊芳香，似果香，味甜带涩，稍带青臭的不愉快感，具有干爽的口感特征。过重时会严重缺乏浓香味，但量过小不爽口。

乙缩醛含量多少是酒老熟和质量好坏的主要指标，也是区别于低档白酒的指标之一。乙缩醛有定香和调和香气的作用，能降低挥发组分挥发速率，保持香气均匀持久。

乙缩醛在白酒中的含量一般为 240 ~ 490mg/L，在酒体中与乙醛起到一种平衡作用，是呈香呈味的重要成分，可使酒体清爽。在一定范围内乙缩醛含量较高是好酒的重要标志，与醇类、酯类协调，使酒香丰满而有特殊韵味。

清香型白酒中的乙缩醛具有爽口的特征，它与正丙醇共同构成清香型白酒爽口带苦的味觉特征。

3. 糠醛

结构式：

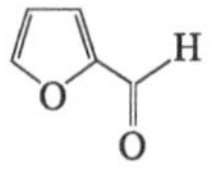

分子量：96.09

沸点：167℃

香味阈值：5.8mg/L

溶解性：与乙醇混溶，微溶于水（8.3%）。

感官特征：纸臭，糠味，似杏仁，有焦香，带苦涩味，稍呈桂皮油香气。

糠醛在白酒中的含量一般为 4 ~ 21mg/L，能使酒体具有醇爽的固态感，适量可使酒体的各类酿造香气更丰满。新工艺白酒勾调中不建议使用。

4.双乙酰

分子式：$CH_3COCOCH_3$

分子量：86.09

沸点：88℃

香味阈值：0.02mg/L

溶解性：溶于乙醇，不溶于水。

感官特征：具有奶油味、威士忌味，微量存在时，可使酒产生令人喜爱的气味。

双乙酰含量少时给酒以蜂蜜样的浓甜香味，含量多时呈酸奶臭，赋予酒浓厚感觉。

乙醛和乙酸反应生成双乙酰，在白酒中的含量一般在 5 ~ 120mg/L，是白酒中重要的呈味物质，与醋慃等配合，可产生美妙的白酒香气，尤其在浓香型白酒中，略呈馊味。

双乙酰起助香作用，烘托主体香。

5.醋慃

分子式：$CH_3CH(OH)C(O)CH_3$

分子量：88.11

沸点：148℃

溶解性：与乙醇、水混溶。

感官特征：含量少时给酒以蜂蜜样的甜香味，含量多时呈酸奶臭，赋予酒浓厚感觉。

醋嗡口感甜，微酸。在白酒中的含量一般为5～44mg/L，是白酒中重要的呈香、呈味物质之一，与双乙酰、丁二醇等配合使用可使酒体丰满，后味圆润，有空杯留香的功效。

第五章

品评与酒体设计的关系

　　酒体设计的核心技术是勾兑、调味，勾兑和调味是在品评基础上进行。品评是勾兑和调味的前提条件，其水平高低标志着产品质量优劣。品酒师是应用感官品评技术，评价酒体质量，指导酿酒工艺、储存和勾调，进行酒体设计和新产品开发的人员。

　　品评是一门技术，也是一门艺术。只要一个人的视觉、嗅觉、味觉正常，身体健康，感官灵敏，具有一定的酿酒专业知识，并通过不断的训练和自身的努力，就会成为一名优秀的品酒师。

第一节　白酒品评的基础知识

一、品评的意义

白酒品评又叫尝评或鉴评，是利用人的感觉器官（视觉、嗅觉和味觉）按照各种白酒的质量标准来鉴别白酒质量优劣的一门技术。它具有快速和准确的特点，到目前为止，还没法被任何分析仪器所替代，所以白酒通过理化检测合格后，还是要通过专家品评后才能出厂。

在生产、验收和市场营销过程中，品评起着确定产品质量优劣、把好产品质量关等重要作用。它既是判断酒质优劣的主要依据，又是决定勾兑与调味成败的关键。它具有以下特点。

（1）快速　品酒的过程短则几分钟，长则半个小时即可完成。

（2）准确　人的嗅觉和味觉的灵敏度较高，人的嗅觉对某种成分来说，甚至比气相色谱仪的灵敏度还高。

（3）方便　白酒的品评只需要品酒杯、品酒桌、品酒室等简单的工作条件，就能完成对几个、几十个、上百个样品的质量鉴定，非常方便简捷。

品评对新酒的分级，出厂产品的把关，新产品的研发，市场消费者喜爱品种的认识都有重要作用。品酒师的专业品评与消费者的认知度如果一致，那么将对产品消费产生重要影响。然而，感官品评也不是十全十美的，受到很多主观以及客观因素的影响，同时也难以用数字来表达，因此，感官品评不能代替化验分析，而化验分析也只能准确地测定含量，对呈香、呈味特征及其变化也难以表达，所以化验分析也替代不了品评。只有两者有机结合起来，才能发挥更大的作用。

二、品评的作用

① 品评是各酒厂验收产品、确定质量优劣、把好质量关的重要环节。一个酒厂对本厂的出厂酒，要批批通过品评把关。每个酒厂都必须建立相应的评酒组织，并建立标准实物（标准酒），定期对照品评，把好质量关。

② 生产过程中，通过品评可以及时发现产品质量问题，结合化学分析找出原因，为进一步改进工艺和提高产品质量提供依据。

③ 生产班组、质量管理部门，通过品评可以及时确定酒的级别，便于量质摘酒，分级入库储存，也可随时掌握储存过程中的变化情况和成熟规律。

④ 品评是辅助勾兑和检验勾兑效果之快速和灵敏的一种手段。勾兑和调味时，都要在较短的时间内，快速地、反复地边勾调、边品评，准确地选取最佳配方。

⑤ 品评是生产管理部门检查监督产品质量的有效手段。通过对同行业同类产品的品评对比，可以及时了解各企业的产品质量水平和差异，作为选拔名优产品的重要依据。

⑥ 利用品评鉴别假冒伪劣商品。

三、品评的环境

① 应处于环境安静，没有噪声干扰，整洁的地方。

② 保持室内空气清新，易通风，并不得有香气和邪杂气味。

③ 室内光线充足，柔和，墙壁没有强烈的反射。

④ 室内要恒温、恒湿，温度以 18 ~ 25℃为宜，相对湿度以 50% ~ 60% 为宜。

⑤ 酒样的温度对香味的感觉差异较大。一般人的味觉最灵敏的温度为 21 ~ 30℃，为了保持品评结果的准确，要求品评的几种酒，温度都应保持一致。一般在品评前 24h 就必须把需要品评的酒样静置在同一环境温度内，以免温度差异影响品酒结果。

品酒杯以 45mL 容量的标准郁金香杯为宜。通常酒液注入杯子 1/3 ~ 1/2 为宜。品评时间一般在上午 9 ~ 11 时和下午 3 ~ 5 时为最佳时间。

四、品评的基本方法

根据品评的目的，提供酒样的数量、评酒员人数的多少，可采用明评和暗评的品评方法，也可以采用多种差异品评法的一种。

1.明评法

明评又分为明酒明评和暗酒明评。明酒明评是公开酒名，品酒师之间明评明议，最后统一意见，打分并写出评语。暗酒明评是不公开酒名，酒样由专人倒入编号的酒杯中，由品酒师集体评议，最后统一意见，打分，写出评语，并排出名次顺位。

2.暗评法

暗评是酒样密码编号，从倒酒、送酒、评酒一直到统计分数，写综合评语，排出顺位的全过程，分段保密，最后揭晓公布品评的结果。品酒师所做出的评酒结论具有权威性，其他人无权更改。

3.差异品评法

差异品评法主要有下面五种。

（1）一杯品尝法　先拿一杯酒样，品尝后拿走，然后再拿另一杯酒品尝，最终做出两个酒样是否相同的判断。这种方法可用来训练品酒师的记忆力。

（2）两杯品尝法　一次拿两杯酒样，一杯是标准样酒，一杯是对照样酒，找出两杯酒的差异，或者两杯酒相同无明显差异。此法可用来训练品酒师的品评准确性。

（3）三杯品尝法　一次拿三杯酒样，其中有两杯是相同的，要求品酒师找出两个相同的酒，并且评判这两杯酒与另一杯酒的差异。此法可用来训练品酒师的重现性。

（4）顺位品尝法　事先对几个酒样差别由大到小顺序标位，然后重新编号，让品酒师按由高到低的顺位品尝出来。一般酒的品尝均采用这种方法。

（5）五杯分项打分法　一轮次为五杯酒样，要求品酒师按质量水平高低，先分项打小分然后再打总分，最后以分数多少，将五杯酒样的顺位列出来。此法适用于大型多样品的品评活动。国内多以百分制为主，国外多以 20 分制为主。

五、品评的步骤

白酒的品评主要包括色泽、香气、口味、风格、酒体、个性六个方面。具体品评步骤如下。

1. 眼观色

白酒色泽的评定是通过人的眼睛来确定的。先把酒样放在品评酒桌的白纸上，用眼睛正视和俯视，观察酒样有无色泽和色泽深浅，同时做好记录。在观察透明度、有无悬浮物和沉淀物时，要把酒杯拿起来，然后轻轻摇动，使酒液游动后进行观察。根据观察，对照标准，打分做出色泽的鉴评结论。

2. 鼻闻香

白酒的香气是通过鼻子判断确定的。当被评酒样上齐后，首先注意酒杯中的酒量多少，把酒杯中多余的酒样倒掉，使同一轮酒样中酒量基本相同之后，才嗅闻其香气。在嗅闻时要注意以下3点。

① 鼻子和酒杯的距离要一致，一般为 1 ~ 3cm。

② 吸气量不要忽大忽小，吸气不要过猛。

③ 嗅闻时，只能对酒吸气，不要呼气。

在嗅闻时，按 1、2、3、4、5 顺序进行辨别酒的香气和异香，做好记录。再按反顺序进行嗅闻。综合几次嗅闻的情况，排出质量顺位。再嗅闻时，对香气突出的排列在前，香气小的、气味不正的排列在后。初步排出顺位后，嗅闻的重点是对香气相近似的酒样进行再对比。最后确定质量优劣的顺位。

当不同香型混在一起品评时，先分出各编号属于何种香型，而后按香型的顺序依次进行嗅闻。对不能确定香型的酒样，最后综合判定。为确保嗅闻结果的准确，可把酒滴在手心或手背上，靠手的温度使酒挥发来闻其香气，或把酒倒掉，放置 10 ~ 15min 后嗅闻空杯。后一种方法是确定酱香型白酒空杯留香的唯一方法。

3.口尝味

白酒的味是通过味觉确定的。先将盛酒的酒杯端起，吸取少量酒样于口腔内，品尝其味。在品尝时要注意以下 4 点。

① 每次入口量要保持一致，以 0.5 ~ 2.0mL 为宜。

② 酒样布满舌面，仔细辨别其味道。

③ 酒样下咽后，立即张口吸气，闭口呼气，辨别酒的后味。

④ 品尝次数不宜过多。一般不超过 3 次。每次品尝后用水漱口，防止味觉疲劳。

品尝要按闻香的顺序进行，先从香气弱的酒样开始，逐个进行品评。在品尝时把异杂味大的异香和暴香的酒样放到最后尝评，以防味觉刺激过大而影响品评结果。在尝评时按酒样多少，一般又分为初评、中评、总评三个阶段。

初评：一轮酒样闻香后，从嗅闻香气弱的开始，入口酒样布满舌面，并能下咽少量酒为宜。酒下咽后，可同时吸入少量空气，并立即闭口，用鼻腔向外呼气，这样可辨别酒的味道。做好记录，排出初评的口味顺位。

中评：重点对初评口味相近似的酒样进行认真品尝比较，确定中间酒样口味的顺位。

总评：在中评的基础上，可加大入口量，一方面确定酒的多余味，另一方面可对暴香、异香、邪杂味大的酒进行品尝，以便从总的品尝中排列出来本轮次酒的顺位。

4. 综合判断

根据色、香、味品评情况，综合判断出酒的典型风格、特殊风格、酒体状况，是否有个性。最后根据记忆或记录，对每个酒样分项打分和计算总分。

5. 打分

实际上是扣分，即按品评表上的分项最后得分，根据酒质的状况，逐项扣分，将扣除后的得分写在分项栏目中，然后根据各分项的得分计算出总分。分项得分代表酒分项的质量状况，总分代表本酒样的整体质量水平。黑龙江省酒业协会改进了惯用的百分制分值的分配，并增加了酒体与个性两项。

一般分项扣分的经验是：色泽很少有扣分，最多的扣 0.5 ~ 1分。香气一般扣 1 ~ 2 分，口味扣 2 ~ 12 分。风格扣 1 分，酒体扣 1 分，个性扣 1 分。这样最低酒样得分在 80 分以上。

一般各类酒的得分范围是：高档名酒得分 96 ~ 98 分，高档优质酒得分 92 ~ 95 分，一般优质酒得分 90 ~ 91 分，中档酒得分 85 ~ 89 分，低档酒得分 80 ~ 84 分。

6. 写评语

过去传统品酒方法评语是由评委来统一书写。改进后的方法，评语也可以由组织品评的专家成员来书写，其书写的依据如下。

① 各位品酒师对酒样的综合评定结果（即得分）。

② 参照本酒样标准中确定的感官指标，对不同酒度、不同等级

的酒有不同的描述。

③ 专家组集体讨论的结论。

书写评语的注意事项如下。

① 评语描述要全面（色、香、味、格）选用香型、标准中的常用语，并尽量保持一致性。

② 评语中应明确表示出该酒样的质量特点、风格特征及明显缺陷。

③ 评语对企业改进提高酒质有帮助。

第二节 各种白酒风格的描述

一、浓香型白酒

1.色泽

无色，晶亮透明，清澈透明，无色透明，无悬浮物，无沉淀，微黄透明，稍黄，浅黄，较黄，灰白色，乳白色，微混，混浊，有悬浮物，有沉淀，有明显悬浮物。

2.香气

窖香浓郁，较浓郁，窖香不足，窖香较小，具有以己酸乙酯为主体的纯正、协调的复合香气，窖香纯正，较纯正，有窖香，窖香不明显，窖香欠纯正，窖香带酱香、带陈味、带焦烟气味、带异香、带窖泥臭味，其他香气。

3.口味

绵甜醇厚，醇和，香绵甘润，甘洌，醇和爽净，净爽，醇甜柔和，绵甜爽净，香味协调，香醇甜净，醇甜，绵软，入口绵，柔顺，平淡，淡薄，香味较协调，入口平顺，入口冲，冲辣，燥辣，刺喉，有焦味，稍涩，涩，微苦涩，苦涩，稍苦，后苦，稍酸，较酸，酸味大，口感不快，欠净，稍杂，有异味，有杂醇油味，酒稍子味，邪杂味较大，回味悠长，回味较短，回味欠净，后味淡，后味短，余味长、较长，生料味，糠霉味，黄水味，木味，铁腥味，其他味等。

4.风格

风格突出，风格典型，风格明显，风格尚好，风格尚可，具有浓香型风格，风格一般，典型性差，偏格，错格等。

二、清香型白酒

1.色泽

无色，晶亮透明，清澈透明，无色透明，无悬浮物，无沉淀，微黄透明，稍黄，浅黄，较黄，灰白色，乳白色，微混，混浊，有悬浮物，有沉淀，有明显悬浮物。

2.香气

清香纯正，清香雅郁，具有以乙酸乙酯为主体的清雅协调的复合香气，清香较纯正，清香欠纯正，有清香，清香较小，清香不明显，清香带浓香、带酱香、带焦烟气味、带异香，不具清香，其他香气等。

3.口味

绵甜爽净，绵甜醇和，香味协调，自然协调，酒体醇厚，绵甜柔和，口感柔和，香醇甜净，清爽甘洌，清香绵软，爽洌，甘爽，爽净，入口绵，入口平顺，入口冲，冲辣，燥辣，暴辣，落口爽净，欠净，味净，回味长，回味短，回味干净，后味淡，后味杂，稍杂，寡淡，有杂味，邪杂味，杂味较大，有杂醇油味，酒稍子味，焦煳味，涩，稍涩，微苦涩，苦涩，后苦，稍苦，较酸，过甜，生料味，糠霉味，异味等。

4.风格

风格突出，风格典型，风格明显，风格尚好，风格尚可，风格一般，典型性差，偏格，具有清、爽、甜、净的典型风格等。

三、酱香型白酒

1.色泽

微黄透明，浅黄透明，较黄透明，晶亮透明，清澈透明，无悬浮物，无沉淀，灰白色，乳白色，微混，混浊，有悬浮物，有沉淀，有明显悬浮物。

2.香气

酱香突出，酱香较突出，酱香明显，酱香较小，具有酱香，酱香带焦香，酱香带窖香，酱香带异香，窖香露头，不具酱香，其他香，优雅细腻，较优雅细腻，空杯留香、优雅持久，空杯留香好、尚好，有空杯留香，无空杯留香。

3.口味

绵柔醇厚，醇和，醇甜柔和，酱香味显著、明显，入口绵，平顺，有异味，邪杂味较大，回味悠长、长、较长、短，回味欠净，后味长、短、淡，后味杂，焦煳味，稍涩，涩，苦涩，稍苦，酸味大、较大，生料味，糠霉味，泥臭味，其他杂味等。

4.风格

风格突出、较突出，风格典型，风格明显，风格尚好，风格一般，具有酱香风格，典型性差，偏格，错格等。

四、米香型白酒

1.色泽

无色，晶亮透明，清澈透明，无色透明，无悬浮物，无沉淀，灰白色，乳白色，微混，混浊，有悬浮物，有沉淀，有明显悬浮物。

2.香气

米香清雅、纯正，米香清雅、突出，具有米香，米香带异香，其他香等。

3.口味

绵甜爽口，适口，醇甜爽净，入口绵，平顺，入口冲，冲辣，回味怡畅、优雅，回味长，尾子干净，回味欠净。

4.风格

风格突出、较突出，风格典型、较典型，风格明显、较明显，风格尚好，风格一般，固有风格，典型性差，偏格，错格等。

五、凤香型白酒

1.色泽

无色，晶亮透明，清澈透明，无色透明，无悬浮物，无沉淀，微黄透明，稍黄，浅黄，较黄，灰白色，乳白色，微混，混浊，有悬浮物，有沉淀，有明显悬浮物。

2.香气

醇香秀雅，香气清芬，香气雅郁，有异香，具有乙酸乙酯为主、一定量己酸乙酯为辅的复合香气，醇香纯正、较正等。

3.口味

醇厚丰满，甘润挺爽，诸位协调，尾净悠长，醇厚甘润，协调爽净，较醇厚，甘润协调，爽净，余味较长，有余味等。

4.风格

风格突出、较突出，风格明显、较明显，具有本品固有风格，风格尚好，风格尚可，风格一般，偏格，错格等。

六、兼香型白酒

1.色泽

无色，清亮透明，清澈透明，微黄透明，较黄透明，无悬浮物，无沉淀，微混，稍混，混浊，有悬浮物，有微小悬浮物，有明显悬浮物，有沉淀，有明显沉淀。

2.香气

浓酱协调，幽雅馥郁，幽雅舒适，放香幽雅，浓酱较协调，纯正舒适，酱香带浓香，浓香带酱香，有酱浓复合的香气，浓酱欠协调，焦香，焦煳香，放香大，放香较强，放香小，香气杂，异香。

3.口味

细腻丰满，醇厚丰满，醇和丰满，酒体醇厚，酒体丰满，醇厚柔和，醇甜柔和，醇厚绵柔，进口味甜，有陈味，有油味，有糠味，进口欠醇和，口感粗糙，口味淡薄，回味悠长，回味爽净，回甜爽净，回味较爽，回味较长，酱味较长，后味干净，后味略有酸涩味，尾味微苦，尾味微涩，回味较甜，带焦煳味，后味短，后味淡薄，后味杂，尾味带煳苦味，尾味有焦苦味。

4.风格

具有本品典型的风格，具有本品明显的风格，风格突出，风格较突出，风格典型，有酱浓结合的风格，风格较典型，风格较明显，风格尚好，风格尚可，风格不典型，典型性较差，风格不突出，风格一般，偏格，错格。

七、老白干香型白酒

老白干香型高度白酒的风格描述为：无色或微黄透明，醇香清雅，酒体协调，醇厚甘洌，余香悠长。老白干香型低度白酒的风格描述为：无色或微黄透明，醇香清雅，酒体协调，醇和甘润，回味较长。

八、芝麻香型白酒

微黄透明，稍黄，浅黄，较黄，灰白色，乳白色，微混，混浊，有悬浮物，有沉淀，有明显悬浮物。

闻香有以乙酸乙酯为主要酯类的淡雅香气，焦香突出，入口放香以焦香和煳香气味为主，香气中带有似"炒芝麻"的气味。口味比较醇厚，爽口，似老白干香型酒的口味。

九、豉香型白酒

无色透明，豉香独特，入口醇和，豉味绵甘，酒体丰满，余味爽净，滋味协调，苦不留口。

十、药香型白酒

清澈透明，香气典雅，浓郁甘美，略带药香，醇甜爽口，后味悠长，风格突出、明显、尚可。

十一、特香型白酒

无色、清亮透明，无悬浮物，无沉淀，香气幽雅、舒适，诸香协调，柔绵醇和，香气悠长，风格突出、明显、尚可。

十二、馥郁香型白酒

色清透明，诸香馥郁，入口绵甜，醇厚丰满，香味协调，回味悠长，具有馥郁香型的典型风格。

十三、小曲白酒

1.色泽

无色透明，清亮透明，清澈透明，无悬浮物，无沉淀，微黄透明，稍黄，浅黄，较黄，乳白色，失光，微混，稍混，有悬浮物，有沉淀，有明显悬浮物，有杂质。

2.香气

香气纯正，香气清雅，香气幽雅，具有乙酸乙酯和小曲白酒独有的糟香而形成的复合香气，糟香突出，糟香较突出，醇香清雅，香气较纯正，香气欠纯正，香气清爽，香气闷，有焦香，有生糠气，有异香，有不愉快气味。

3.口味

酒体醇厚，醇甜柔和，余味爽净，酒体丰满，香味谐调，自然协调，口味细腻，口味柔和，余味较长，后味干净，糟香味，回甜，欠净，粗糙，有水味，后味杂，不清爽，有霉味，有煳味，苦涩味，生糠味，生闷味，后苦，异味，味短，杂醇油味。

4.风格

风格突出，风格典型，风格明显，风格一般，典型性差，偏格。

第三节　新酒和陈酒的品评术语

一、单粮浓香型新酒、陈酒品评术语

1.新酒

单粮浓香型新酒具有粮香、窖香，并有糟香，有辛辣刺激感。合格的新酒窖香和糟香要协调，其中主体香突出，口味微甜，爽净协调。但发酵不正常的新酒会出现苦味、涩味、糠味、霉味、腥味、煳味及硫化物臭、黄水味、稍子味、泥臭等异杂味。

2.陈酒

单粮型浓香型白酒经过一定时间的储存，香气具有了浓香型白酒固有的窖香浓郁，刺激感和辛辣感会明显降低，口味变得醇和、柔顺，风格得以改善。经一定时间的储存，逐渐呈现出陈香，口感呈现醇厚绵软、回味悠长，香和味更协调。品尝陈酒时，陈香、入口绵软是体现白酒储存老熟后的重要标志。

二、多粮浓香型新酒、陈酒品评术语

1.新酒

多粮型新酒具有复合多粮香、纯正浓郁的窖香，并有糟香，有辛辣刺激感并类似焦香新酒气味。合格的新酒多粮复合的窖香和糟香比较协调，主体窖香突出，口味微甜爽净。单发酵不正常和辅料未蒸透的新酒会出现醛味、焦苦味、涩味、糠味、霉味、腥味、煳味，以及硫化物臭、黄水味、稍子味等异杂味。

2. 陈酒

多粮浓香型白酒经过一定时间的储存，香气具有多粮浓香型白酒复合的窖香浓郁优美之感，刺激性和辛辣感不明显，口味变得醇甜、柔和，风格突出。

三、白酒品评基本功

白酒的品评，除了有良好的天赋外，最重要的是基本功的练习了。基本功看起来简单，但却是任何技艺精进的基础。"练武不练功，到老一场空"，品酒同样如此。品酒的基本功从以下几个方面练起。

1. 看的基本功

看白酒的颜色其实是非常重要的，如果基本功扎实，就会首先感觉到颜色的变化，尤其是酱酒，很多时候能给一个提示。看色度的基本功练习是配制不同浓度的亚铁氰化钾的标准溶液，根据梯度识别，长期练习，最好能确定几度。另外摇晃酒杯，看酒的挂杯情况，挂杯情况反映的是酒的储存年限；看酒花识别酒的度数。看的基本功练习最容易被人忽略，但是非常重要。

2. 闻香基本功

在闻香的过程中，吸入的挥发出的酒的香气量要一致，因此首先需要反复练习酒杯与鼻子的距离，其次需要练习吸气的力度。位置确定以后，吸入量只与吸气的力度相关联，需要练习一口气分几次吸。初闻的时候需要轻轻闻，晃动以后闻的时候需要用力闻，每一个要求都能把握好，闻香的基本功也就练成了。同时需要注意杯中的酒量直接影响闻香的距离和力度，因此，每次倒入的量必须是一致的。标准动作是头略低，打开后鼻腔，才能感受到香气。

需要掌握白酒常出现的香：原料香、发酵香、陈香。

了解基本香：坚果香、柑橘香、水果香、茉莉花香、玫瑰花香、兰花香、青香、樟木香、松木香、檀木香、药香、辛香。

第四节　影响品评结果的因素

一、个人因素

感官品评是通过人的感觉器官来实现的，因此它反映出的结果与人的因素密切相关。人在一段时间内连续接受刺激就会疲劳，进而变得迟钝，休息一段时间后方能恢复，此现象在生理学上称"器官疲劳"。这也是"久闻不知其香，久食不知其味"的道理。

感官品评受人的性别、年龄、地区性、习惯性、个人喜好、饮食文化、个人情绪、消费习惯、经济状况和社会阶层等影响，如东部及南部喜爱低度酒，西部及北部爱喝高度酒；东南部以清淡、绵软为主，西北、西南以香浓、醇甜为主；北方人豪爽，喜欢一醉方休，要求窖香，劲大，以高度酒为多；南方如四川、湖南等地多以中高度为主，要求酒体饱满，窖香浓郁，香气纯正，诸味协调，醇和绵软；江淮流域多以中度（42度左右）为主，以绵柔淡雅口感为主。

（1）顺序效应　先入为主，产生偏爱，认为甲比乙好。这是对比现象。

克服办法：先顺尝，后逆尝，喝完一杯漱口清除。

（2）后效应　前一杯酒的香味影响后一杯。这是变味现象。

克服办法：适当休息，清水漱口，消除残味。

（3）顺效应　味觉疲劳、迟钝，前后味差不变。这是无觉现象。

克服办法：适当安排每组酒样数量，一般不超过5个。

二、外界因素

（1）酒杯　酒杯的大小、色泽、形状、质量和容量的大小等会对品评结果产生影响。标准的白酒品评用酒杯应为无色透明、无花纹、杯体光洁、厚薄均匀的郁金香花形的玻璃杯。要求大肚、口小、容量50mL。盛酒量3/5～2/3，每杯一致。

（2）酒样的温度　如果酒样的温度不同，嗅觉器官对白酒香气的感觉差异较大，同一酒样，温度较高时，刺激感强，会使嗅觉过早疲劳。温度不同，香味物质会发生变迁现象，感觉也不相同。所以同轮次及各轮次尽量保持同样温度，防止因酒样的温度不同而影响品评结果。当温度升高时香大，甜味降低，苦味、咸味、辣味增强；当温度降低时苦味、咸味弱，甜味和酸味强，放香不出，所以品酒温度以18～25℃为好。

（3）品酒时间　根据生活习惯和品评实践，一般上午9～11点，下午3～5点较好。普遍认为在饭后立即品酒，饭前或下班前挤时间品酒对品评结果影响较大。

（4）酒样的编组 白酒的品评是一个比较过程，有一定的相对性。同一个酒样和质量好的酒在一组品评，再与质量差的酒在一起品评，其结果有一定差异。编组时，应尽量将质量近似的酒编在一起。

酒样编组的原则：从无色到有色，从低度到高度，按清香、米香、浓香、兼香、酱香、药香顺序安排；同轮次质差鉴别应等级较明显，评优编组应是相同香型、质差相近为一组，每组一般5杯，最多不超过6杯。

第五节 品评的注意事项

① 品酒前不喝酒，更不能醉酒。
② 品酒前避免吃辛辣、酸甜、油腻食品。
③ 进入品酒室不擦脂抹粉，不带入香精香料。
④ 尝完一杯应稍事停顿，尝完一轮休息十分钟，漱口。

第六节 品评的技巧

品评要眼观其色，鼻闻其香，口尝其味，综合起来看风格。

眼观其色的技巧：举杯对光或是用白纸做垫，垫在底部和侧面观察白酒的色泽，要直观和侧观。

鼻闻其香的技巧：闻香时，头略低下，酒杯靠近鼻腔，做有意识的吸气动作，不能呼气。如果同时对几杯酒进行闻香要做到闻香时间、酒杯离鼻腔距离、吸气力度等都要一致。

口尝其味的技巧：品酒时，要保证每个酒样的进口数量一致，一般以 2 ~ 4mL，恰巧布满舌面为宜。酒体在口中停留的时间也要保持一致，尽量少吞酒，在品酒期间喝酒是绝对不允许的。

（1）闻香标准　香气协调、愉快，无异香，同时检测酒的溢香、喷香、留香性。应高度重视第一印象，即时记录下香气特征，因第一印象较灵敏、准确。闻第二遍时，可转动酒杯，急速呼吸，用心辨别气味。应注意闻完一轮酒再品尝。

（2）滤纸浸湿闻香　用滤纸浸湿酒样，放置五分钟左右再闻，可区别放香大小及浓淡、保持时间，此方法可有效区别酒质相似的酒。

（3）滴酒闻香　主要是利用体温在手心手背滴酒闻香，可辨别香气浓淡及固态发酵酒、液态发酵酒的区别。

（4）空杯留香　空杯留香可用于鉴别酒质优劣，特别是鉴定酱香型白酒效果较好。

（5）尝味顺序　尝味时应按香气淡浓顺序品，酒液入口慢而稳，铺满舌面。尝味时除了味的基本情况外，更要注意味的协调、刺激性强弱、柔顺、柔和、有无杂味外，还要分辨出味的绵甜和醇甜、有无回味、净爽等。因为它是区别固态发酵酒、液态发酵酒的标准尺度。

（6）风格界定　风格又称酒体、典型性、个性风味。除了按色、香、味的综合评价得出风格结论外，风格更注意香气的优雅、舒适、悦人、空杯留香、饮后舒适的感觉。

第七节　品酒员应具备的能力

　　品酒员应具有较高的品评能力及品评经验。嗅觉、味觉要正常灵敏。品评技术集知识性、专业性、趣味性为一体，任何酒类企业都十分重视品评、勾调技术人员的培养，甚至不惜重金招聘人才。品酒员是各个企业质量风格的代表，是宝贵的财富。品酒员自身必须努力学习，刻苦钻研，善于思考，发挥悟性，总结积累，充分掌握那些只能意会不能言传的技巧、要领。

　　品酒员应学习掌握酿造工艺，影响质量的因素，熟悉本企业基础酒、成型酒、成品酒的生产工艺流程、质量特性，同时也应更多地学习、了解中国白酒十二中香型酒的工艺特点、香味特征及品评要点。广泛接触、了解同行业产品质量状况。

　　品酒员应学习掌握白酒相关国家法律法规、产品标准、企业标准，特别是国家控制的食品安全卫生标准，确保食品质量和食品安全。

　　品酒员要有健康的身体，保持感觉器官的灵敏性。品酒员应注重加强体质锻炼，预防疾病，保护好自身。

　　品酒员必须大公无私，坚持原则，严格标准，秉公执法，公正公平地履行质量执法、安全执法。

　　品酒员应具备"四力"：检出力、识别力、记忆力、表现力。

　　（1）检出力　品评员应具有灵敏的视觉、嗅觉和味觉，对色泽、香气、口味有很强的辨别能力，即检出力。这就需要经过长期的训练，对酒体的香、味、风格具有很强的分辨能力，能灵敏地分辨出不同细微的香、味差异，这是品评员应具备的基本技能。

（2）识别力　在提高检出力的基础上，品评员应能识别各种香型和类型的白酒及其优缺点。

（3）记忆力　通过不断地训练和实践，广泛接触各种香型和类型的白酒，在品评过程中不断提高自己的记忆力，如重现性和再现性等，能准确分辨出各种类型、风格白酒的典型和共同点。

（4）表现力　品评员不仅应对品评样以合理打分来表现色泽、香气、口味和风格的正确性，而且对不同酒体的风味、风格能准确用语言文字表述，这种能力称为表现力。

第八节　品评常用术语解释

白酒的感官指标是衡量质量的重要指标，白酒的理化、卫生指标、分析数据目前还不能完全作为质量优劣的依据，即使两个酒品在理化指标上完全相同，但在感官指标上也会体现出较明显的差异。

一、外观术语

色正：符合该酒的正常色调。

色不正：不符合该酒的正常色调。

清亮：酒液无其他杂质，清洁而明亮。

透亮：光线能通过酒液，酒液明亮。

清澈：酒液清净而透明。

晶亮：如水晶体一样高度透明。

光泽：在正常光线下有光亮。

失光：失去光泽，不清亮透明。

微黄：酒液带有微黄颜色。

悬浮物：酒液中有固体物质悬浮而不下沉。

混浊：酒液中含有各种杂质，不清亮。

沉淀：酒液中难溶解的物质沉到酒液底部。

絮状物：酒液中有如棉絮状的物质。

二、香气术语

浓香：以己酸乙酯为主体的复合香气。

清香：以乙酸乙酯为主体的复合香气。

酱香：以茅台酒为典型代表的特有香气，似乎是焦香、煳香、熏香的协调统一的复合香气。

米香：纯正清雅的似甜酒酿的香气。

芝麻香：类似焙炒芝麻的香气。

药香：酒中带有中草药的香气。

兼香：一般指兼有浓香和酱香的香气。

醇香：一般白酒所具有的正常香气。

曲香：白酒酿造用曲所形成的特有香气。

糟香：白酒酒醅所特有的香气。

窖香：曲香和发酵窖池所特有的一种复合香气。

酯香：白酒中的酯类化合物呈现的香气。

　　溢香：也叫放香，酒中芳香成分溢散于杯口附近空气中，徐徐释放出的香气。

　　喷香：白酒香气充满整个口腔感到的香气。

　　留香：酒液下咽后，口中余留的香气。

　　陈香（陈味）：优质固态法白酒在长期储存过程中形成的一种特有的成熟的香气，应该是浓香型白酒香气的最高境界，赋予白酒高雅、华贵而不落俗套的气质。

　　浓郁：香气浓厚馥郁。

　　纯正：纯净而无杂气。

　　清雅：香气不浓不淡，令人愉快。

　　细腻：香气纯净、细致、柔和。

　　余香：留香。

　　回香：酒液下咽后，回返到口中的香气。

　　协调：酒中多种香气彼此和谐一致，融为一体。

　　新酒气：新生产出来的白酒所特有的刺激性气味。

　　异香：本类型白酒中不应当出现的香气。

　　焦香：焦煳香气。

　　浮香：香气短促不持久，浮于面上，使人感到不是酒中自然散发的，而是外加的一种香气。

　　暴香：香气过于强烈、粗猛。

三、口味术语

　　口感：饮酒人口后的味感，常用来表达酒中呈味物质对味觉的刺激程度。

浓厚：浓而厚实。

醇和：纯正柔和，无强烈的刺激感。

醇厚：醇和而浓厚。

绵柔：也称绵软，口感柔和，圆润，无刺激感。

清冽：爽冽，口感纯净、爽适。

粗糙：口感糙烈，硬口。

燥辣：刺激感强，有灼热感。

入口：酒液刚进入口腔时的感觉。

落口：酒液咽下时，舌根、软腭、喉头等部位的感受。

后味：酒液入口后，时间较长时的感觉。

余味：饮酒后口腔中余留的味感。

回味：饮酒后，稍间歇后酒味返回口腔的味感，是香与味的复合感。

醇甜：醇和而有甜感。

回甜：回味中有甜的感觉。

绵甜：酒味柔软、无刺激又带甜味。

甜净：甜而纯净。

绵润：绵软而有润滑之感。

柔和：柔软而无刺激性。

柔润：柔软而甜润，无刺激感。

爽净：舒适而纯净，也叫净爽。

甘冽：甜而清爽。

甘润：甜而柔润。

甘爽：甜而爽适。

甘美：甜而美好。

尾净：酒液下咽后酒味干净，无邪杂味。

寡淡：酒味单调，平淡而无味。

短淡：味感觉时间短而平淡无味。

味协调：酒中各种味感相互配合，恰到好处，给人以浑然一体的愉快感觉。

怡畅：感觉愉快而舒畅。

绵甜爽净：绵是柔软，甜是甘甜，爽是清亮舒适，净是干净无其他邪杂味。

邪杂味：酒中出现该酒不应该有的味感，影响了正常的味感。白酒中的邪杂味主要有辅料味、糠杂味、焦煳味、油腻味、窖泥味、稍子味、黄水味、泥腥味、杂醇油味，等等，这些都须在平时的生产实践和训练中加以认识和理解，并能在品酒时正确地加以运用。

❖ 第九节　白酒品饮最佳温度

温度是影响品饮者对酒体滋味感受的重要因素，因此白酒应该在能让其"身价"得以体现的最佳温度范围饮用。有媒体报道白酒一般最佳饮用温度在 18 ~ 25℃之间，过多地低于或高于这

个温度范围都会影响白酒的酒质和口感；也有媒体认为"喝白酒
（固态酱香）在酒体温度为 37℃时是最香的"。对白酒饮用温度
认识的巨大差异说明大众乃至业界没有对此形成统一认识，也反
映出历来对白酒品鉴工作的忽视。那么，白酒的品饮温度应该为
多少？

1.从温度与味道的关系分析

人舌的灵敏温度为 15 ~ 30℃，而味觉最为灵敏的温度为 21 ~
31℃。低温能使舌麻痹，高温给舌以痛感。甜酸苦咸等味道的强弱
程度与温度变化的关系不尽相同。一般甜味在 37℃左右时最能品味
出来；酸味与温度关系较小，10 ~ 40℃范围内味感差异不大；苦味
则随温度升高而味感减弱；咸味的强弱与温度的分界线为 26℃，高
于或低于这一温度，咸味便会随温度的升降而逐渐减退。

2.从品饮酒温与香型（或工艺）的关系分析

不同的温度会影响白酒香味成分的挥发以及酒液在口腔中的扩
散速度，这点为大家广泛认同。不能忽视的是中国白酒有多种香型，
每种不同风格的产品中对风味和口感产生重要贡献的物质成分有巨
大差异，嗅觉和味觉器官对这些成分有不同的敏感性。要确定白酒
的品饮温度，则必须明确这点：白酒的品饮温度与酒的香型（或工
艺）相关，不同香型的白酒有符合自身特点的最佳饮用温度。例如，
酱香型白酒在堆积发酵过程中产生有较多的高沸点物质，理论上讲，
要体会这些物质的细微风味，酱香型白酒应当有相对其他香型白酒
更高的最佳饮用温度。

3. 从白酒感官评定国家标准分析

GB/T 10345—2007《白酒分析方法》指出品评室温为 20 ～ 25℃，样品要在 20℃ ±2℃ 环境下平衡 24h 或水浴中保温 1h。这说明在国家标准中，白酒进行感官评定时酒液温度介于 18 ～ 25℃。

温度过低会压抑香味的散发，温度过高则会破坏滋味的协调，过高或过低的温度均不利于人体感官与酒的香气和香味物质的相互作用。国外葡萄酒品鉴专家的经验是：起泡葡萄酒最佳饮用温度为 5 ～ 7℃；白葡萄酒最佳饮用温度为 7 ～ 10℃，红葡萄酒最佳入口温度为 12 ～ 18℃，大体遵循饮用温度与纯度呈正比的原则。因此，我们在选择白酒品饮温度时应当考虑这点：白酒的最佳品饮温度应能更好地突出产品特有风格及微妙的口感的温度。恰当的饮用温度，可以较好地释放白酒中香味物质，感受优美滋味，提高酒品的接受度。这方面的工作还有待细化深入研究。

❀ 第十节　白酒最好喝的度数

有些人认为白酒度数越高越贵，到底对不对呢？各香型白酒均不相同，从白酒香型的角度来看，清香型白酒，其香味成分含量较少，酒度不宜降到过低，降到 40 度，便难以保持原酒风味，因此以 45 ～ 55 度为宜。浓香型与酱香型白酒，原酒中的香味物质较多且含量高，所以酒度降至 38 ～ 40 度仍能基本保持原酒风味，但一旦降至 35 度以下，就失去了我国传统酒固有的特色。

有人说，高度酒更好喝，质量更好，其实这也是认知上的一个误区。从健康饮用的角度来看，40～53度的白酒最适宜饮用，对身体最健康。

第十一节 品评结果对酒体设计的影响

品评分析结果直接影响酒体设计。

品评是确定质量等级和评选优质产品的重要依据，是组合和调味的先决条件，是快速准确判断酒质的主要依据。酒的勾兑和调味都需要有高超的品酒水平，品评技术是勾兑和调味的基础。如品评水平差，必然影响勾兑、调味效果，好的勾兑师一定是一个好的品酒师。

感官品评不是十全十美的，受很多因素影响。感官品评主要是通过人的感觉器官，如眼、鼻，舌、口腔，来评定白酒。白酒属于食品，任何精密的仪器都代替不了人的味觉和嗅觉的判断。人的感觉器官感知印象比较抽象，也无法用数据来准确地表达出来，况且由于多种原因，每个人的感觉喜好都不同，所以判定酒质的优劣必须结合理化检验数据来综合评定。无论过去和现在，监督部门判定不合格产品都是以理化数据和食品安全国家标准为依据，很少有监管部门以感官质量判断产品不合格。检测能够克服传统的"只可意会、不便言传"的感官评酒方式的种种弊端。

第十二节　十二大香型白酒香味物质的特征及品评要点

一、浓香型

浓香型代表酒包括泸州老窖、五粮液、洋河大曲等。

1.香味特征

香味特征成分以己酸乙酯为主，辅以适量的乳酸乙酯、乙酸乙酯、丁酸乙酯。

2.感官评语

无色透明（允许微黄），窖香浓郁，绵甜醇厚，香味协调，尾净爽口。

3.品评要点

（1）色泽上要求无色透明，允许微黄。

（2）根据香气浓郁大小、特点分出流派和质量差。凡香气大，窖香浓郁、突出，且浓中带陈的特点为川派，而以口味纯、甜、净、爽为显著特点的为江淮派。

（3）品评酒的甘爽程度，是区别不同酒质量的重要依据。

（4）绵甜是优质浓香型白酒的主要特点，体现为甜得自然舒畅，酒体醇厚；稍差的酒不是绵甜，只是醇甜或甜味不突出，酒体显单薄、味短，陈味不够。

（5）品评后味长短、干净程度也是区分酒质的要点。

（6）香味协调是区分白酒质量优劣，也是区分酿造酒和配制酒的主要依据。酿造酒中己酸乙酯等香味成分是生物途径合成，是一种复合香气，自然感强，故香味协调，且能持久。而外添加己酸乙酯等香精、香料的酒，往往是香大于味，酒体显单薄，入口后香和味很快消失，香与味均短，自然感差。如香精纯度差，添加比例不当，更是严重影响酒质，其香气给人一种厌恶感，闷香，入口后刺激性强。

（7）浓香型白酒中最易品出的口味是泥臭味，这主要是与新窖泥和工艺操作不当有关。这种泥臭味偏重会严重影响酒质。

4.浓香型不同年份酒的口感差异

（1）新酒　酒味暴烈，糟香味、邪杂味、刺激性大，有冲、辣感，易上头也易醉。

（2）3年陈酒　无色或微黄透明，窖香浓郁，陈香明显、柔和、绵甜、尾味净爽，余香和回味悠长。

（3）5年陈酒　无色或透明微黄，窖香浓郁，陈香幽雅，醇厚丰满，绵柔甘洌，落口爽净，余香和回味悠长，窖香和陈香的复合香气协调优美。

（4）10年陈酒　无色或微黄透明，窖香浓郁，陈香突出，幽雅细腻，醇厚绵柔，甘洌净爽，余香和回味悠长，酒体丰满，具有突出的优美协调的复合陈香。

二、酱香型

酱香型代表酒包括贵州茅台酒、四川郎酒。

1.香味特征

① 茅台酒的香型的主要代表物质尚未定论，现有4-乙基愈创木酚说、吡嗪及加热香气说、呋喃类和吡喃类说、十种特征成分说等多种说法。

② 传统说法把茅台酒的香味成分分为三大类：酱香，醇甜香，窖底香。

③ 根据目前对茅台酒香味成分的剖析，可以认为酱香型酒具有以下特征：酸含量高，己酸乙酯含量低，醛酮类含量大（特别是糠醛含量为所有白酒之冠，异戊醛、苯丙醛、丁二酮、3-羟基丁酮含量也高），含氮化合物为各白酒之最（其中尤以四甲基吡嗪、三甲基吡嗪最为突出），正丙醇、庚醇、辛醇含量也相对较高。

2.感官评语

微黄透明，酱香突出，幽雅细腻，酒体醇厚，回味悠长，空杯留香持久。

3.品评要点

① 色泽上微黄透明。

② 香气上酱香突出，具有酱香、焦香、煳香的复合香气，酱香＞焦香＞煳香。

③ 酒的酸度高，酒体醇厚、丰满，口味细腻幽雅。

④ 空杯留香持久，且香气幽雅舒适；反之则香气持久性差，空杯酸味突出，酒质差。

三、米香型

米香型代表酒是桂林三花酒。

1.香味特征

香味特征成分以乳酸乙酯、乙酸乙酸及适量的 β-苯乙醇为主，新标准中 β-苯乙醇含量 ≥ 30mg/L。高级醇含量高于酯，乳酸乙酯含量高于乙酸乙酯，乳酸含量高，含量占总酸的90％。

2.感官评语

无色透明，蜜香清雅，入口绵甜，落口爽净，回味怡畅。

3.品评要点

① 闻香具有以乳酸乙酯和乙酸乙酯及适量的 β-苯乙醇为主体的复合香气，β-苯乙醇的香气明显。

② 口味特别甜，有发闷的感觉。

③ 回味怡畅，后味爽净，但较短。

④ 口味柔和，刺激性小。

四、清香型

清香型白酒分为大曲清香、麸曲清香和小曲清香。大曲清香代表酒有山西汾酒，麸曲清香代表酒有红星二锅头、牛栏山二锅头，小曲清香代表酒有云南玉林泉酒。

1.香味特征

（1）大曲清香　香味特征成分以乙酸乙酯为主，它的含量占总酯的50%以上。乙酸乙酯与乳酸乙酯含量之比一般在1：0.6左右。乙缩醛含量占总醛的15.3%。酯大于酸，一般酯酸比为（4.5～5.0）：1。

（2）麸曲清香　香味特征成分以乙酸乙酯和乳酸乙酯为主。

（3）小曲清香　香味特征成分以乙酸乙酯和乳酸乙酯为主。

2.感官评语

（1）大曲清香　无色透明，清香纯正，醇甜柔和，自然谐调，余味净爽。

（2）麸曲清香　无色透明，清香纯正（以乙酸乙酯为主体的复合香气明显），口味醇和，绵甜净爽。

（3）小曲清香　无色透明，清香纯正，具有粮食小曲特有的清香和糟香，口味醇和回甜。

3.品评要点

① 色泽为无色透明。

② 主体香气是以乙酸乙酯为主、乳酸乙酯为辅的清雅、纯正的复合香气，类似酒精香气，但细闻有优雅、舒适的香气，没有其他杂香。

③ 由于酒度较高，入口后有明显的辣感，且较持久，但刺激性不大（这主要是与爽口有关）。

④ 口味特别净，质量好的清香型白酒没有任何杂香。

⑤ 尝第二口后，辣感明显减弱，甜味突出了，饮后有余香。

⑥ 酒体突出清、爽、绵、甜、净的风格特征。

五、凤香型

凤香型代表酒有陕西西凤酒。

1.香味特征

香味特征成分以乙酸乙酯为主，己酸乙酯为辅。乙酸乙酯：己酸乙酯 =4：1 左右。

2.感官评语

无色透明，醇香秀雅，甘润挺爽，诸味协调，尾净悠长。

3.品评要点

① 闻香以醇香为主，即以乙酸乙酯为主，己酸乙酯为辅的复合香气。

② 入口后有挺拔感，即立即有香气往上窜的感觉。

③ 诸味协调，指酸、甜、苦、辣、咸五味俱全，且搭配协调，饮后回甜，诸味浑然一体。

④ 西凤酒既不是清香，也不是浓香。如在清香型酒中品评，就要找它含有己酸乙酯的特点；反之，如在浓香型酒中品评就要找它乙酸乙酯远远大于己酸乙酯的特点。不过近年来，西凤酒中己酸乙酯含量有升高的情况。

六、药香型

药香型代表酒有贵州董酒。

1.香味特征

香味特征成分是"三高""一低"，即高级醇含量高，总酸含量高（白酒之冠），丁酸乙酯含量高，乳酸乙酯含量低。

2.感官评语

清澈透明，浓香带药香，香气典雅，酸味适中，香味协调，尾净味长。

3.品评要点

① 香气浓郁，酒香、药香协调、舒适。

② 入口丰满，有根霉产生的特殊味。

③ 后味长，稍带有丁酸及丁酸乙酯的复合香味，后味稍有苦味。

④ 酒的酸度高，明显。

⑤ 董酒是大、小曲并用的典型，而且加入十几种中药材。故既有大曲酒的浓郁芳香、醇厚味长，又有小曲酒的柔绵、醇和味甜的特点，且带有舒适的药香、窖香及爽口的酸味。

七、豉香型

豉香型代表酒有广东玉冰烧酒。

1.香味特征

具有油蛤味，β-苯乙醇含量为白酒之冠。该类酒国家标准中规定：低度（18°～40°）优级酒的 β-苯乙醇含量 ≥ 40mg/L，高度（40°～60°）优级酒的 β-苯乙醇含量 ≥ 25mg/L。

2.感官评语

玉洁冰清，豉香独特，醇厚甘润，余味爽净。

3.品评要点

① 闻香突出豉香，有特别明显的油哈味。

② 酒度低，但酒的后味长。

八、芝麻香型

芝麻香型代表酒有山东景芝、梅兰春等。

1.香味特征

芝麻香型白酒是以芝麻香为主体，兼有浓、清、酱三种香型之所长，故有"一品三味"之美誉。

2.感官评语

清澈或微黄透明，芝麻香突出，优雅醇厚，干爽协调，尾净余香，具有芝麻香风格。

3.品评要点

① 闻香以清香加焦香的复合香气为主，类似普通白酒的陈味。

② 入口后焦煳香味突出，细品有类似芝麻香气（近似焙炒芝麻的香气），有轻微的酱香。

③ 口味较醇厚。

④ 后味稍有苦味。

九、特香型

特香型代表酒是江西樟树四特酒。

1.香味特征

香味特征成分中乳酸乙酯含量高，居各种乙酯类之首，其次是乙酸乙酯，己酸乙酯居第三。

2.感官评语

酒色清亮，酒香芬芳，酒味纯正，酒体柔和，诸味协调，香味悠长。

3.品评要点

① 清香带浓香是主体香，细闻有焦煳香。

② 入口类似庚酸乙酯，香味突出，有刺激感。

③ 口味较柔和（与酒度低、加糖有关），有黏稠感，糖的甜味很明显。

④ 口味欠净，稍有糟味。

⑤ 浓香、清香、酱香白酒特征兼而有之，但又不靠近哪一种香型。

十、老白干香型

老白干香型代表酒是河北衡水老白干。

1.香味特征

香味特征成分以乳酸乙酯与乙酸乙酯为主，乳酸乙酯＞乙酸乙酯。

2.感官评语

清澈透明，醇香清雅，甘洌挺拔，丰满柔顺，回味悠长，风格典型。

3.品评要点

① 香气是以乳酸乙酯和乙酸乙酯为主体的复合香气，协调、清雅，微带粮香，香气宽。

② 入口醇厚，不尖、不暴，口感很丰富，又能融合在一起，这是突出的特点，回香微有乙酸乙酯香气，有回甜。

十一、兼香型

1.酱兼浓香型

酱兼浓香型代表酒有湖北白云边酒。

（1）香味特征

① 庚酸含量平均在 15 ~ 24mg/L。

② 庚酸乙酯含量高，多数样品在 200mg/L 左右。

③ 含有较高的乙酸异戊酯。

④ 丁酸、异丁酸含量较高。

⑤ 该类酒国家行业标准中规定：正丙醇含量范围在 0.25 ~ 1.00g/L 之间。己酸乙酯含量范围在 0.60 ~ 1.80g/L 之间，固型物 ≤ 0.70g/L。

（2）感官评语　清澈透明（微黄），芳香，幽雅舒适，细腻丰满，酱浓协调，余味爽净、悠长。

（3）品评要点

① 闻香以酱香为主，略带浓香。

② 入口后，浓香也较突出。

③ 口味较细腻，后味较长。

④ 在浓香型酒中品评，其酱味突出；在酱香型酒中品评，其浓香味突出。

2.浓兼酱香型

浓兼酱香型代表酒有黑龙江玉泉酒。

（1）香味特征

① 己酸乙酯含量高于白云边酒一倍。

② 己酸大于乙酸（白云边酒正好相反），乳酸、丁二酸、戊酸含量高。

③ 正丙醇含量低（为白云边酒的 1/2）。

④ 己醇含量高达 40mg/100mL。

⑤ 糠醛含量高出白云边酒 30%，高出浓香型白酒 10 倍，与茅台酒接近。

⑥ β-苯乙醇含量高出白云边酒 23%，与茅台酒接近。

⑦ 丁二酸二丁酯含量是白云边酒的 40 倍。

（2）感官评语　清亮透明（微黄），浓香带酱香，诸味协调，口味细腻，余味爽净。

（3）品评要点

① 闻香以浓香为主，带有明显的酱香。

② 入口绵甜、较甘爽。

③ 浓、酱协调，后味带有酱香。

④ 口味柔顺、细腻。

十二、馥郁香型

馥郁香型代表酒是湖南酒鬼酒。

1.香味特征

① 总酯中，己酸乙酯与乙酸乙酯含量突出，二者成平行的量比关系。

② 乙酸乙酯：己酸乙酯 =（1 ~ 1.4）：1。

③ 四大酯的比例关系　乙酸乙酯：己酸乙酯：乳酸乙酯：丁酸乙酯 =（1 ~ 1.4）：1：0.57：0.19。

④ 丁酸乙酯较高，己酸乙酯：丁酸乙酯 =（5 ~ 8）：1。浓香型己酸乙酯：丁酸乙酯 =10：1。

⑤ 有机酸含量高，高达 200mg/100mL 以上，大大高于浓香型、清香型、四川小曲清香，尤以乙酸、己酸突出，占总酸 70% 左右，乳酸 19%，丁酸 7%。

⑥ 高级醇含量适中，高级醇 110 ~ 140mg/100mL，高于浓香和大曲清香，低于四川小曲清香。高级醇含量最多的异戊醇为 40mg/100mL，正丙醇、正丁醇、异丁醇含量也较高。

2.感官评语

芳香秀雅，绵柔甘洌，醇厚细腻，后味怡畅，香味馥郁，酒体净爽。

3.品评要点

① 闻香浓中带酱，且有舒适的芳香，诸香协调。

② 入口有绵甜感，柔和细腻。

③ 余味长且净爽。

白酒勾调技术

好的白酒是酿造出来的，而不是勾调出来的，但是勾调技术一定是稳定和提高质量的重要手段。

第一节 勾调的定义

"生香靠发酵，提香靠蒸馏，成型靠勾调"，可见勾调是白酒生产一道重要的工序。往往大多消费者误以为勾调就是将酒精、水、香精勾兑在一起，是劣质酒，事实上每一种酒都必须经过勾调。

勾调就是把同一等级具有不同口味、不同酒质、不同酒度、不同时期或相同时期、不同工艺的酒按不同的比例掺兑在一起，使分子间重新排列组合，成分互相补充，烘托主体香，使白酒色、香、味、格达到某种程度上的基本协调与平衡。白酒生产有"七分技术，三分艺术"之说，三分艺术就是指的白酒"勾调"，讲究的是以酒调酒。勾调主要是解决白酒骨架成分合理性，确定风格，是确定白酒味道的基础；各厂均有自己的勾调模式，所以勾调技术只能因地制宜，不能生搬硬套。

白酒勾调技术经历了从简单粗放到复杂细致，从小规模勾调到大规模勾调，从感官鉴评到感官与仪器分析、人机结合，从通用香型到个性化，从单香调味到多香复合调味等由低级向高级的发展过程。随着白酒生产工艺的不断创新，酿酒微生物的开发和应用，各种香型白酒的互相取长补短和融合，以及人们物质生活的丰富，消费理念的不断变化，白酒的香和味及风味特点也随之发生变化。因此，白酒勾调技术必须顺应这些变化，不断创新发展。

① 采用新的勾调程序，首先控制白酒的色谱骨架成分，然后进行细致的勾调，这样才能从根本上保证酒质的稳定性。

② 明确各种协调成分的基本作用，酯类是白酒的主体香。实践表明，复合的乙酯类比单体酯香好，含少量奇数碳的酯香更显优雅，如丙酸乙酯、乙酸异戊酯、戊酸乙酯等。酸是味的主体，并起到重要的协调作用。在勾调时若酯过高，酸偏低时，酒体表现香气过浓，口味爆辣，后味粗糙，饮后易上头。若酸过高，酯偏低时，酒体表现香气沉闷，口味淡薄。

因此酸酯一定要协调。醇类在酒中起调和作用，是香和味的过渡桥梁。若醇过重则甜浓，成了酒体的主峰，酒的味感就黯然失色。若醇恰到好处，其味甜意绵绵。醛类可协调香气的释放，并能提高香气质量。

③ 实践证明，在骨架成分合理的前提下，酒质的提高取决于微量复杂成分的含量。同时掌握酸酯平衡是勾调成功与否的关键，酸的作用力最强，功能相当丰富。

④ 储存是提高白酒质量的重要手段。白酒的勾调，讲究的是以酒调酒，一是以初步满足该产品风格、特点为前提组合好基础酒；二是针对基础酒尚存在的不足进行完善的调味。

第二节　勾调的目的

勾调的目的主要有以下 4 点：①调整酒度，科学加浆。②稳定质量，协调成分。③掩盖缺陷，维持稳定。④提高品质，彰显个性。

调味，就是对基础酒进行的最后一道精加工或艺术加工，通过一项非常精细而又微妙的工作，用极少量的调味酒弥补基础酒在香气和口味上的欠缺程度，使其优雅细腻，完全符合质量要求。调味的效果，与基础酒有密切的关系。若基础酒质量差，调味酒不但用量大，而且调味相当困难。若基础酒好，调味容易，且调味酒用量少，产品质量稳定。所以勾兑是调味的基础。勾调是稳定和提高产品质量的关键工序，是弥补和完善基础酒的不足，塑造白酒典型风格的重要手段，调味起到"画龙点睛"的作用。调味主要方法是采用极少量的调味酒来弥补基础酒的不足，以点带面，弥补缺陷，加强基础酒的香味，突出其风格，既不失本厂风格，又彰显产品个性。调味酒对基础酒具有平衡作用、烘托作用和添加作用。调味是补充复杂成分提升风味、确定档次、平衡酒体，是精加工，是美化，起修饰作用；成型得体美化就容易些，其艺术性和技术性均在其中；素有"四分组合（勾兑），六分调味"，这都说明了调味工作的重要意义和作用。

❋ 第三节　勾调的原理和作用

　　白酒生产过程中，由于白酒的生产周期长，受各种客观因素的影响，不同季节、不同班组、不同窖池蒸馏出的白酒其香味及特点都各有不同，质量上也参差不齐。如果就这样作为成品出厂，不可能达到统一的质量标准，更谈不上典型风格了。要保证产品质量和所具风格，保证酒质长期稳定和提高，就必须通过精心勾调，通过勾调可以取长补短，弥补各个因素造成的半成品酒的缺陷，缩小差异，统一标准，协调香味，提升质量，突出风格，增加效益。白酒

第六章 白酒勾调技术 129

的勾调，讲究的是以酒调酒，一是以初步满足该产品风格、特点为前提组合好基础酒，从本质上来讲，勾兑技术就是对酒中微量成分的掌握和应用；二是针对基础酒尚存在的不足进行完善的调味。前者是粗加工，是成型；后者是精加工，是美化。成型得体美化就容易些，其技术性和艺术性均在其中。

浓香型白酒勾调七字口诀

白酒研发几十年，调酒经验谈一谈。

纯粮酿造成分多，酸酯醇醛都包括。

勾调注重修饰多，缓冲平衡和烘托。

稳定口感靠勾调，勾调工作实在累。

不同风格来搭配，微量成分定比例。

酒类知识要学全，突出风格不算难。

白酒香淡补点酯，酒头调香有道理。

白酒不绵补酸甜，酸甜过重惹人嫌。

白酒不爽补酸醛，酒头酒尾别厌烦。

黄水酒尾虽不好，利用好了是个宝。

白酒爆辣补陈绵，陈绵添加一点点。

白酒发闷补酸酯，酸酯平衡有道理。

白酒过甜补酸醛，去掉甜尾惹人烦。

白酒前苦补点酯，酯类协调有道理。

白酒后苦补酸甜，去掉苦尾不算难。

白酒尾怪补酸陈，头香也可提一提。

白酒前杂补点酯，高酯调味有道理。

酸酯醇醛酒中含，纯粮酒中都含完。

酒水分家要谨慎，不要轻易下结论。

香型融合虽然好，酒体同质免不了。

人民生活变化快，饮酒观念已改变。

香浓变为香气淡，淡化香型新理念。

白酒标准要改革，国外经验学一学。

酒体设计要慎重，工艺流程定个性。

绵甜爽口都说好，工匠精神少不了。

日常工作多用功，刻苦学习不放松。

七字口诀要记牢，食品安全别忘了。

❀ 第四节　调味原理及调味酒的制作方法

一、调味原理

调味是对勾兑后的基础酒进行美化，可明显提高酒的质量的一项重要技术。调味是稳定和提高产品质量的关键工序，可弥补和完善基础酒的不足，是塑造白酒典型风格的重要手段，起到"画龙点睛"的作用。

调味主要方法是采用极少量的调味酒来弥补基础酒的不足，以点带面，弥补缺陷，加强基础酒的香味，突出其风格，既不失本厂风格，又彰显产品个性。调味酒对基础酒具有平衡作用、烘托作用和添加作用。调味的效果与基础酒有密切的关系。若基础酒质量差，调味酒不但用量大，而且调味相当困难。若基础酒好，调味容易，且调味酒用量少，产品质量稳定，所以勾兑是调味的基础。

调味酒种类有陈年调味酒、浓香调味酒、酱香调味酒、芝麻香调味酒、酸醇调味酒、酒尾调味酒、清香调味酒，特别是芝麻香调味酒和酱香调味酒，因采用高温堆积，高温发酵，发生了美拉德反应，产生大量杂环类化合物，这些物质可以使白酒香气优雅、口味细腻柔和，酒体丰满圆润，是生产淡雅型白酒重要的调味酒。酒体设计时，先调指标，后调口感，高度酒理化指标应向国标下限靠，低度酒理化指标应向国标上限靠，把浓、清、酱等其他香型纳入酒体的设计范围，并利用各香型酒的长处，来补充单一香型的不足，达到取长补短的效果。在保证符合国家标准的前提下，根据市场需求确定酒体配方，先调指标后调口感。调味是补充复杂成分、提升风味、确定档次、平衡酒体，是精加工，是美化，起修饰作用；成型得体美化就容易些；素有"四分组合（勾兑），六分调味"之说，这都说明了调味工作的重要意义和作用。

二、调味酒的制作方法

1.双轮底调味酒

取双轮或多轮发酵的底糟酒的中间馏分酒质较佳者，单独入坛储存一年以上即成，用于调整基础酒的欠饱满、风格不正。

2.陈酿调味酒

选老窖池，把发酵期延长到半年或一年，以便产生出特殊香味的调味酒，储存一年以上，用于提高用于提高基础酒的浓香、糟香和后味。

3.老酒调味酒

经过三年以上储存的优质酒可作老酒调味酒，用于提高基础酒的陈醇和后味。

4.酒头调味酒

取优质窖底糟的酒头，入坛储存一年以上即成，用于提高基础酒的前香和喷头。

5.酒尾调味酒

取优质发酵期长的酒尾，入坛储存一年以上即成，用于提高基础酒的后味，使酒体浓厚绵软，回味悠长。

6.酱香调味酒

取优质酱香型白酒储存三年以上，它可以增加基础酒的酸度，提高基础酒的醇厚感，去除新酒味、辛辣味。

7.曲香调味酒

选曲香味大的优质麦曲粉碎后，加入双轮底或优质酒中，搅匀浸泡，密封于陶坛储存一年以上，使用时取上层清液进行过滤。另外一种方法是选香气、颜色好的曲块粉碎后，用一部分替代投粮进行发酵生产，单独进行蒸馏取酒。

8.窖香调味酒

选择优质老窖泥，加入双轮底酒中，充分搅匀，密封，储存一年以上，每月搅拌均匀 1 次，使用时取上层清液。

9.酯香调味酒

将加曲后收堆待入窖糟醅，在晾堂上堆积发酵一天后，糟醅温度在 50℃左右，然后均匀入窖，密封发酵 45 ~ 60 天，所得酒储存一年以上即可。

10.冰糖调味酒

选优级双轮底糟酒，加入 2% ~ 3% 冰糖，充分搅匀，经浸泡一年以上，取上层清液即可调味。

第五节　传统白酒勾调的原则

1.天然勾调的原则

每种香型白酒中的骨架成分都是自然生成的香味物质成分，勾调要做的工作主要是调整其量比关系，使之符合某一标准。天然勾调就是以酒勾酒，崇尚自然，敬畏规律，尽可能在勾兑工艺中使用天然物质、物理方法来进行加工处理，如吸附剂的选择，冷过滤技术的使用，自然存放技术的应用，尽可能不用化学方法，防止外来污染。

2.香味协调的原则

以天然物质进行调香调味，重点把控主要香味物质成分的量比关系，不要过分追求某种成分的量，协调才是硬道理。

3.个性风格的原则

不要过分模仿其他品牌酒的风味，白酒风味主要是生产出来的，是由工艺决定的，提升品质的关键在于生产管理，而不在于勾调，天然的个性是大自然最好的赏赐，只有发挥本企业自己的天然优势和独特风格，才能使产品立于不败之地。

4.保持健康的原则

白酒勾调一定要朝着健康安全方向发展，不使用非自身发酵的外来物质进行调香调味，新工艺白酒如使用香精香料必须在食品标签中标注。不得使用白酒浸泡臭窖泥的方法进行调酒，臭泥味是工艺控制不严格的体现，不是品质独特的好标志。合理使用酒头酒尾等调味酒才是自然的。

5.原酒真实的原则

一些企业为了降低成本和省时、省力，大量使用外购原酒，又无技术手段来鉴别原酒真伪，自以为是真正"原酒"，产品出厂标识是纯粮酒，欺诈了消费者。很多勾调大师坚持无原酒不勾，无生产能力不勾，无生产资质不勾的原则，彰显他们的人格和高品质的水平。

❖ 第六节　勾调的具体方法

科学地进行白酒勾调是从酒的理化指标、色谱成分统计录入处理等角度着手，建立酒体指纹图谱、专家鉴评等系统，大幅度减轻手工数据查询的劳动量，控制勾调成本，稳定产品品质，为勾调从经验型向数字型转变提供科学依据。另外，白酒勾调还需注意酸酯平衡，在已知总酸前提下，通过反应式及平衡常数计算出总酯含量，或已知某有机酸含量的前提下，计算出该有机酸酯的含量，通过勾调使酒体达到酸酯平衡。

　　勾调是稳定和提高白酒质量的关键工序，是塑造白酒典型风格的重要手段。配方确定后先进行小样勾调，品评检验合格后，方可进行大样勾调。以液态法白酒为例，其方法是将食用酒精净化后，加水稀释，再加入适量的固态法白酒或酒头酒尾及食用香精香料等食品添加剂，按照国家标准先调指标，后调口感，从酒的"头香、体香、基香"三部分逐一调整，充分搅拌，经过品评检验，多次微调，在合理的骨架成分前提下，掌握好酸酯平衡，使酒体协调。实践证明，酸是白酒的呈味剂，酸能消除白酒苦味，增加酒的醇和感，酸也是新酒老熟的催化剂，对白酒香气有掩蔽作用。做到酸酯平衡，香味自然协调，再加入适宜调味酒，完全可以和固态法白酒相比美。特别注意：大样勾调时计量一定要准确，体积单位和质量单位不能混为一谈，折算要精确，只有这样才能使小样和大样在质量上保持基本一致，储存期一般在七天左右，才能进行灌装，只有这样产品质量才能稳定。

第七节　勾调中应注意的问题

　　勾兑与调味即相互联系又相互区别，勾兑是解决色谱骨架成分在合理的范围内，对白酒的功能性结构起主导作用。调味是利用有特色酒的复杂成分来弥补勾兑时酒体的不足。

1. 做好小样勾兑

勾兑是细致且复杂的工作，极其微量的香味成分都可能引起酒质的变化，因此，要先进行小样勾兑，经品尝合格后，再大批量勾兑。

2. 掌握合格酒的质量情况

每坛酒都必须有详细的卡片介绍。卡片上记录有入库日期、生产车间和班组、窖号、窖龄、糟别、酒精度、重量、质量等级和主要香味成分含量等。

3. 做好勾兑的原始记录

不论是小样勾兑，还是正式勾兑，都应做好原始记录，以提供研究分析数据。通过大量的实践，可从中找到规律性的东西，有助于提高勾兑水平。

4. 对杂味酒的处理

带杂味的酒，尤其是带苦、酸、涩、麻味的酒要进行具体分析，视情况作出正确处理。

5. 确定合格酒的质量标准

为了使勾兑工作顺利进行，在这一过程中应注意各待选基酒的理化色谱数据、储存日期生产成本和质量档次的搭配等问题。

可以把所选的基酒分为以下三种酒进行勾兑。

（1）带酒（风格酒）15%　指具有某种独特香味，能明显起到决定勾兑酒风格特征的酒。主要是高质量类型母糟生产白酒和储存时间长的老酒。

（2）大宗酒（大众酒）80% 是在酒体特征上具有浓香、甜、净、风格等方面具有一种或两种以上鲜明个性的原酒。通过勾兑能达到酒的风格特征。

（3）搭酒（次酒）5% 指酒体特征上有一定缺陷，但通过勾兑可以弥补的原酒，一般表现为酒带有杂味、酸涩味、香气沉闷等缺陷。

第八节　勾调完善酒体风格的五个方面

1.典型性

白酒的典型性又称为风格和酒体，是构成白酒质量的重要组成部分。在不同香型的酒中，具有不同的典型风格；同一香型的白酒中，也各具不同的风味特征。比如，浓香型白酒，虽然都具有己酸乙酯为主体的复合香气，但因其产地、工艺不同，而出现了不同的流派。其一，是具有纯正的己酸乙酯为主体的复合香气的流派；其二，是具有己酸乙酯为主体的略带陈味的复合香气的流派。在每个流派中，不同的产品因产地不同也具有不同的典型性。

2.平衡性

通过勾调，保证各种香味成分之间量比关系的平衡、协调才是保持酒质稳定的基础。

3.缓冲性

在白酒香味成分中，有部分物质对香气有助香作用，从香味角度来说，也可称为缓冲作用。醇类特别是环己六醇有明显的缓冲作用；2,3-丁二醇和双乙酰等也可能有类似作用。经验证明，加入少量甜味大的酒就能使酒柔和。因此，通过品评、勾兑和调味，使白酒的香味协调绵软，是缓冲作用所致。

4.缔合性

白酒在储存过程中，水和酒精的分子之间或水、酒精与其他香味成分分子之间产生缔合作用，形成缔合群体。这样能减少酒精的刺激性，从而使人感到酒味柔和。因此，在品评勾兑时，适当勾入不同储存期的酒，发挥储存期长而使酒柔和的作用，从而使酒体和谐，香味浑然一体。

5.协调性

白酒中某些香味成分对酒中的各种成分的协调能产生重要影响，如适量的醛类可以提高酒香气的挥发，酸类可以促进香气与味之间的协调。所以在品评调味时可巧妙地运用协调物质含量高的酒，对基础酒调味处理，就可以实现酒中香和味的协调，使酒体更完美。

第九节　勾调时各种酒之间的比例关系

下面以浓香型白酒为例来说明勾调时各种酒之间的比例关系。

1.各种糟酒之间的比例

各种糟酒有各自的特点，具有不同的特殊香和味，它们之间的香味成分的量比关系也有明显的区别。将它们按适当的比例混合，才能使酒质全面，风格典型，酒体完美，才能达到提高酒质的目的。勾兑时，各种糟酒的比例一般是双轮底酒5%～10%，粮糟酒65%，红糟酒15%～20%，丢糟酒5%。可以根据曲酒的质量状况，确定各种糟酒配合的适宜比例。

2.陈酒和一般酒的比例

一般来说，储存2年以上的酒称为陈酒。它具有醇厚、绵软、清爽、陈味明显的特点，但也存在香味较淡的缺陷。通常，酒储存期较短，香味较浓，有燥辣感。因此，在组合基础时，要添加一定量的陈酒，可使之取长补短，协调口味，使酒质全面。陈酒和一般酒的组合比例为：陈酒20%，一般酒（储存6个月以上的合格酒）80%。

3.老窖酒和新窖酒的比例

尽管人工窖泥的培养技术日臻完善，5年以上的酒窖就能产出质量较好的酒，但与几十年、甚至上百年的老窖产出的酒相比，仍有较大差距。老窖酒香气浓郁、口味较正；新窖酒则寡淡、味短。如果用老窖酒带新窖酒，既可以提高产量，又可以稳定质量。在组合优质酒时，新窖合格酒的比例一般为15%～20%，老窖合格酒80%～85%，这样才能保证酒质的全面和稳定。

4.不同发酵期酒的比例

发酵期的长短与酒质有着密切关系。发酵期较长（60天以上）

的酒香味浓、醇厚，但前香不突出；而发酵期短（20～30天）的酒闻香较好，但醇厚感较差，挥发性香味物质多，前香突出。按适宜的比例组合，既可提高酒的香气和喷头，又具有一定的醇厚感，对于突出酒的风格十分有利。一般发酵期长的酒占10%，发酵期短的酒占90%。

5.不同季节所产酒的比例

由于不同季节的入窖温度和发酵温度不同，因此，产出酒的质量有很大的差异。尤其是夏季和冬季所产酒，都有各自的特点和缺陷。夏季产的酒香大、味杂，冬季产的酒窖香差、绵甜度较好。若把七、八、九、十月称为淡季，其他月份称为旺季，在组合基础酒时，淡季产的酒占35%，旺季产的酒为65%。

第十节　勾调的新理念

随着人们对白酒香味成分在酒中的地位和作用的进一步认识，以及对香味成分的进一步剖析、细分，极大地丰富和完善了白酒勾调理论，形成了白酒勾调新理念，推动了白酒勾调技术，特别是新型白酒勾调技术的发展和创新。白酒勾调技术由传统经验型向现代科学型转变，初步建立现代分析技术体系应用现代分析技术，如色谱、质谱等，对白酒成分进行分析检测，然后与勾调相结合，并同计算机联动，人机结合，使勾调更科学、更完美。白酒勾调技术经历了从简单粗放到复杂细致，从小规模勾调到大规模勾调，从感官鉴评到感官与仪器分析、人机结合，从通用香型到个性化，从单项调味到多项复合调味等由低级向高级的发展过程。随着白酒生产工艺的不断创新，酿酒微生物的开发和应用，各种香型白酒的互相取长补短和融合，以及人们物质生活的丰富，社会消费心理的不断变化，白酒的香和味及风味特点也随之发生变化。因此，白酒勾调技术必须顺应这些变化，不断创新发展。

第十一节 白酒勾调的三大法宝和六大技巧

一、三大法宝

三大法宝是缓冲、烘托、平衡，减缓个别香及味过强的释放力，烘托主体香，平衡酒体。

下面以浓香型白酒为例加以说明。

1.主导作用

白酒中酯类物质包含己酸乙酯、乙酸乙酯、乳酸乙酯等。己酸乙酯虽然是主体香气成分，但必须有丁酸乙酯、乙酸乙酯、乳酸乙酯、己酸等成分的陪衬、烘托、平衡，否则会使酒味暴香，回味不足而单调，饮后有不快之感。单独的一种香味成分只能代表主体香，而不能完全形成主体香的风格。

2.陪衬、平衡、烘托主体香的作用

含量中等的酯如丁酸乙酯、戊酸乙酯、辛酸乙酯及醛类等在呈

香过程中起着烘托作用，它们聚集在酒中以不同强度进行放香，形成白酒的复合香气，烘托出主体香韵，形成白酒的独特风格。

甲酸、己酸、乙酸、丙酸、丁酸等属于挥发性酸，其中以乙酸为主，它们对主体香气既起烘托作用，又起缓冲作用。由于它能挥发又具有刺激作用，所以适当的含量能烘托酒的主体香，使香气突出、明朗，但过量时又会抑制、冲淡主体香。同时酸和醇的亲和性强，能形成酯，增加酒香，减少酒的刺激性。起缓冲、平衡作用的非挥发性酸以乳酸为主，其次有苹果酸、酒石酸、柠檬酸、琥珀酸、葡萄糖酸等，它们比较柔和，能调和酒味。由于具有羟基和羧基，因而能和很多成分亲和，对酒的后味起着缓冲、平衡作用，使酒质调和，减少烈性，缓冲、平衡酒香。

3.助香作用

醛类、双乙酰、2,3-丁二醇和醋嗡，在白酒中起着助香作用。双乙酰具有蜂蜜样的甜香味，可产生优良酒香。微量的2,3-丁二醇在酒中与多种芳香成分相互调和，产生优良的酒香，使酒味绵长。但这类物质的含量要恰当，过多往往会使酒的典型风格失真。

二、六大技巧

1.释放

合理的香气释放，就会使人感觉到舒适、愉悦，往往会有浓郁、幽雅、芬芳、协调、细腻的感觉。

香气释放过度，就会使酒体粗糙、燥、暴烈、冲，给人造成不适的感觉。香味释放不足就会出现整体感差、欠协调、香淡，失去主体风格。如在浓香型白酒的勾调中，要让四大酯的香气得到充分合理的释放，重点是己酸乙酯的释放，只有这样才能体现以己酸乙酯为主体的复合香。清香型白酒勾兑中，要充分释放乙酸乙酯、乳酸乙酯，严格控制己酸乙酯的含量。

酱香型白酒的勾兑要充分释放酱香、醇甜香、窖底香。

勾兑基础酒时要对各轮次基酒有充分的认识，特别是对经过一定储存后的轮次酒的变化情况要作深入细致的了解。体会酒质变化规律，以及酒中微量成分的性质和作用。一轮次酒带有较为突出的类似清香的生粮香，放香好。勾调时添加适量的一轮次酒能够提高酒体的放香、喷香。但过量则会影响酒体的酱香风格，使酒体变得粗糙、不协调；二轮次酒也可提高酒体放香，但过量会使酒体带涩味；三、四、五轮次酒俗称"大回酒"，产量最大，其酱香突出、纯正，酒体醇厚、丰满，所用数量可适当放大；六轮次酒俗称"小回酒"，由于带有较好的焦香，勾兑时能突出酒体的酱香风格，是勾兑中不可缺少的酒；七轮次酒带有煳香，但同时有枯糟味，涩苦味较重，勾兑时用量不宜过大。根据勾兑的基础酒，找到某一种或多种特征酒作为调味酒进行调香、调味。

酱香是酱酒的第一种典型香味，这种香型的白酒所含的酚类物质特别丰富，而这些物质成分又主要来源于酿酒原料和生产工艺，如高温制曲，这样出来的酒就是我们常说的酱香突出等风格。由整个窖池的最上面那一层的酒糟焙出的酒才能叫酱香调味酒。窖底香是己酸和己酸乙酯及酱香成分浑然一体的香味香气。它是处在浓香与酱香中间的香型，有着浓香的特点，香味香气浓郁，又凸显柔和，靠近窖底和窖壁的部分焙出的酒则为窖底。

醇甜香含多元醇较多，是经微生物发酵作用的产物。其重要的作用就是能在三种典型体的香味香气成分中发挥一种奇特的缓冲作用，此酒比较复杂，需要酒醅最中间部分和窖底窖面喷洒尾酒的酒醅蒸馏而得。常规勾兑的原则是醇甜为基础，约占55%，酱香为主体，约占35%，陈年老酒为辅，约占8%，其他特殊香作协调，约占2%。大型勾兑好基础酒后，选出适当的调味酒，进行细致的调味，主要调整基础酒的芳香、醇厚，增甜，压燔，压涩，改进辣味等，酒头和酒尾用得少，中间部分用得多。

只有把这三种香型的酒按一定的比例勾兑在一起，才能成为我们常品尝到的酱香酒。

2.稀释

白酒中酒度或香味成分含量过高就会影响酒体质量，这样必须采用稀释的方法，如合理地加浆降度或加液态发酵白酒，使酒中微量成分浓度降低，如甜味或苦涩味重采用此法均有效果。

3.收敛

释放和收敛是相对的，白酒勾兑中掌握并把控好香气的释放和收敛，味道的收敛和散开才是勾兑之妙招。此法是在不大幅度调整香味物质含量的情况下，有效降低某种香及味贡献过大的问题。如醛类可以烘托香气但也可降酯类香气。下列情况可使用此方。

① 香气放香过大，出现暴香和浮香产生香大于味的现象时。

② 酯高酸低或比例失调时，就需要收敛酯香。

③ 风格不明显，单体香露头时，产生香与味脱节，酒水分家时

可使用此法。

④ 乳酸乙酯含量稍高，会降低其他芳香物质的放香强度，可以通过改变乳酸乙酯含量，重新调整酯类的比例关系，使乳酸乙酯对其他酯类的放香起到一定的收敛作用，使香与味达到新的平衡。

⑤ 酸是协调成分，可以压香，具有收敛香气作用。出现暴香，酯高低时，可添加酸压香，酸中乳酸收敛效果最好，适量使酒柔和。

4.衬托

当白酒的香气不突出，口感不明快时，可采用衬托的方法，使白酒的香气更加愉悦，口感更加怡人。

衬托的主要方法如下。

① 酸类物质是形成香味物质的前驱物质，既助香又抑香，主要衬托作用如下：增长后味，增加味感，减少杂味，消除燥辣，增加醇合度，减少水味。

② 在白酒四大成分中，醛类的香味最强，乙醛、乙缩醛既是白酒中的香味成分，又促进白酒放香，与其他成分相互影响，相互缓冲，相互协调，使酒幽雅醇厚。

③ 双乙酰、2,3-丁二醇等对白酒有衬托作用。双乙酰有助于喷香和增香，与酯类协调可使酒体丰满，提高杀口感和挺拔感。2,3-丁二醇、丙三醇、高级醇在白酒中起缓冲作用，增加绵甜回味和醇厚感。

5.修饰

修饰为修剪、装饰、协调之意，组合好的基础酒已基本达到产品标准，但仍有小的瑕疵，为了进一步美化，完善质量，就必须进行修饰，如浓香型白酒风格不明显，加适量双轮底调味酒便具有修饰主体香的作用，利用其他香型酒来补充和完善本厂单一香型的不足。利于企业快速开发产品，满足口感的多元化，提高馥郁度。

6.掩盖

当白酒出现不良的香气和异味、水味时，必须采用掩盖方法。如用酸掩盖苦味，酸高的酒可掩盖酯香突出之酒，陈酒调味可掩盖新酒味，勾兑的奇特现象都是掩盖的具体体现。白酒的味感，大部分决定于甜味与酸味、苦味之间的平衡，以及醇厚、丰满、爽口、柔顺、醇甜等口味的调整、和谐程度。异杂味降低还可以采用提高酯类协调香气的释放，掩盖异味。甜味和酸味可以相互掩盖，甜与苦，甜与咸都能相互掩盖，不能相互抵消。

苦味和涩味可以加强酸感，使其变得更强；酸味开始可掩盖苦味，但在后味上会加强苦感；苦酒会加酒的咸味，可以用酸或甜的酒进行修饰，涩味则始终被酸味加强；焦煳香和糟香过重使酒带腌菜味，可以用酸味大的酒进行稀释和压煳，咸只会突出过强的酸、苦和涩味。带酸与带苦的酒组合可变成醇陈；带酸与带涩的变成喷香、醇厚，带麻的可增加醇厚和提高浓香；后味带苦的酒可增加基础酒的闻香，但显辛辣，后味微苦；后味带酸的酒可增加基础酒的醇和，也可改涩，醇能压涩、压煳；后味短的基础酒可增加适量的一轮次酒以及含己酸乙酯、丁酸、己酸、丁酸乙酯等各种有机酸和酯类的酒。只有呈味物质和呈香物质之间比例合理，恰当组合平衡才能使得整体和谐。

第十二节 原酒调配经验

① 带麻味的酒适量加入可提升酒的香度。

② 后味带苦的酒适量加入可增加陈味。

③ 后味带酸的酒适量加入可增加醇甜味和后味。

④ 酒头调味酒适量加入可提升前香和喷香。

⑤ 酒尾调味酒适量加入提后味，使酒回味悠长和浓厚感。

⑥ 新酒可以提升前香和喷香。

⑦ 带涩味的酒适量加入可以提升酒体的醇厚感。

⑧ 带甜味的酒适量加入可以提升柔顺感。

第十三节 酸酯平衡与勾调成功的关键

酸酯平衡使酒体更协调、醇和、顺口，减少杂味，使饮酒不易上头。酸酯平衡是酒体协调的基本因素。

① 找出酸的味觉转变点。酸低酯高：酒体表现香气过浓，口味暴辣，后味粗糙、燥，饮后易上头。酸高酯低：酒体香气沉闷，口味淡薄，杂感丛生。

② 增加酸的复合性，而不是单一的酸。

③ 醇在酒中是起到调和作用，是香与后味的桥梁。醇过重，成了酒体的主峰，酒的味感就黯然失色。有时杂香杂味露头，醇恰到

好处，甜意绵绵，各种风味尽显风采。

④ 利用酸的特性，减少酒的储存期，因为酸可以促进酒的老熟。

下面是一个关于混合酸配方的例子，仅供参考。

己酸 500mL，乳酸 400mL，冰乙酸 1000mL，黄水 100mL，芝麻香型酒 7.5L。混合摇匀后备用，可以去除苦味，调节口感，丰满酒体。

第十四节　白酒勾调的计算

1.折算率计算公式

原酒酒精质量的百分比（%）/ 标准酒酒精质量的百分比（%）

高度酒折低度酒折算率公式 = 高度酒酒精质量百分比 ÷ 低度酒酒精质量百分比

例如，60 度白酒折成 50 度折算率是多少？

折算率 =52.0879÷42.4252≈1.2278

低度酒折高度酒折率公式 = 低度酒酒精质量百分比 ÷ 高度酒酒精质量百分比

例如，50 度白酒折成 60 度折算率是多少？

折算率 =42.4252÷52.0879≈0.8145

2.原酒降度体积计算公式

加浆量 = 原酒体积 × 原酒精度 / 降至酒精度 − 原酒体积

例如：有 100mL 70.0%（体积分数）的白酒，需要降至 40.0%

（体积分数），需要加多少毫升浆？

加浆量 =100×70/40－100=75（mL）即需要加浆 75mL。

原酒降度质量计算公式

加浆量 =（原酒质量 × 酒精度折算率）－原酒质量 =（酒精度折算率－1）× 原酒质量

例如：原酒为 72.6%vol，质量为 300kg，要求兑成 60%vol 的酒，则需加水多少？

由于 72.6%vol 的原酒折算到 60%vol 标准度的折算率为 72.6%vol，对应的质量分数 65.1903% 除以 60%vol 酒对应的质量分数 52.0879%，

即折算率 =65.1903/52.0879=125.1544%，

加浆数量按上式计算

加浆量 =（300×125.1544%）－300=75.46kg

所以，原酒 72.6%vol 300kg 兑成 60%vol 时，其加水数应为 75.46kg。

3.原酒升度计算公式

加高度酒体积 =（要求酒度－低度酒度）× 原酒体积 ÷（高度酒度数－要求酒度数）

例如：现有 40.0%（体积分数）的白酒 100mL，需要勾调到 45.0%（体积分数），需要加 95.0%（体积分数）酒精多少毫升？

需要加 95.0% 酒精的量 =（45－40）×100/（95－45）=10(mL)，即需要加 95.0% 酒精 10mL。

4.原酒用量的计算公式

原酒用量 = 要求酒度 × 要求容量 / 原酒酒度

（1）按体积计算　例如配制 52%vol 白酒 1 升，需要 95%vol 酒精多少升？

原酒用量 52×1/95=0.547L

（2）按质量计算　例如想调制 42%vol 白酒 150 斤（1 斤 =500g），需要 95%vol 酒精多少斤？

质量计算 35.086/92.404×150 斤 =56.95 斤

5.两种不同酒度配制成要求酒度公式

低度酒用量 =（高度酒度 − 要求酒度）× 要求容量 /（高度酒酒度 − 低度酒酒度）

高度酒用量 = 要求总容量 − 低度酒的用量

例如，有 72%vol 和 58%vol 两种原酒，要勾兑 100L 60%vol 的酒，各需多少 L？

低度酒用量 =（72 − 60）× 100/（72 − 58）≈85.7143L

高度酒用量 =100 − 85.7143≈14.2857L

❖ 第十五节　被误解的白酒工艺"勾兑"

近几年有关白酒的负面评论很多，其中"勾兑"二字是牵动着消费者敏感神经的关键词，一提到"勾兑"就联想到假酒，认为"勾兑"的都是假酒、毒酒，造成了不良的社会影响。本文就"勾兑"一词做一些科普工作，正本清源，去除误解，还原"勾兑"真面目。

一、"勾兑"的正解

很多消费者觉得"勾兑"的酒就是不好的，其实，这是一个误解，如国家标准规定浓香型白酒是以粮谷为原料，经传统固态发酵、蒸馏、陈酿、勾兑而成，未添加食用酒精及非白酒发酵产生的呈香呈味物质，具有己酸乙酯为主体复合香的白酒。无论固态法白酒、固液法白酒、液态法白酒，在国家标准里均有"勾兑"一词。由此可见，勾兑是一道必备的重要工序，它是将同香型或不同香型的酒按一定的比例兑加在一起，是分子间重新排列组合，达到相互补充、协调、平衡、烘托出主体香气形成本厂的独特风格。其实，在广义的"勾兑"概念中还应该包含"调味"这一过程，即在勾兑的基础上，为进一步提高质量和风味，用极少量的精华酒，来弥补基础酒在香气和口味上的欠缺，进而使产品更加完善和美好。勾兑在前，调味在后；勾兑是"画龙"，调味是"点睛"。两者相辅相成，缺一不可。广义的"勾兑"应该使用"勾调"一词来代替才完美。

白酒为什么需要"勾调"呢？因为白酒的生产周期长，受各种客观因素的影响，即使同一厂家，同一窖池，不同季节、不同班组、不同甑次蒸馏出的白酒，其香味及特点都各有不同，质量上也参差不齐。如果就这样作为成品出厂，其质量波动太大，不可能达到统一的质量标准，更谈不上典型风格。所以为保证和稳定产品质量及风格，就必须进行"勾调"处理，通过精心"勾调"，可以做到取长补短，缩小差异，稳定酒质，统一标准，协调香味，突出风格。

二、恐惧的来源

为什么说到"勾兑"这两个字，就会让人担心害怕呢？这其中的关键在于诚信的缺失。回溯历史，1998 年春节期间，发生在山西朔州地区的特大毒酒事件令人揪心，无法忘记。不法分子用含有大量甲醇的工业酒精，甚至直接用甲醇制造成白酒出售，造成 20 多人中毒致死，数百人被送进医院抢救。整个白酒产业遭到重大的打击，整个社会也为之震惊。没有料想到，时隔几年，云南元江假酒中毒事件、广州毒酒杀人事件等恶性毒酒事件又接二连三地发生，致使人们产生恐惧的心理。其实，利用食用酒精为主体，采用"勾兑"工艺生产的"新型白酒"本身是符合卫生条件的，而上述事件的发生重点在于不法商贩利用的是工业酒精和甲醇，这是违法的行为，而正规的"新型白酒"所使用的应该是合格的食用酒精，不少人把这些事件的发生统统归咎在食用酒精的身上，而"勾兑"一词也受到牵连，听到"勾兑"人们就认为是假酒。

由于人们的戒备心理，有些新型白酒的生产厂家标签上未见"食用酒精、食品添加剂"字样，消费者辨别不了哪些是纯粮固态法白酒、新工艺白酒。而另一方面新型白酒的低成本、高利润的现实情况也实在让人心动，致使厂家即便是新型白酒也不标明，或者干脆标上"纯粮酿造"的字号，对消费者进行欺骗。原本就对"勾兑"混淆的消费者，加上厂家商家"背后"蒙骗，更是对"勾兑"敬而远之。造成这种现象的原因是白酒生产工艺先行，但检验标准滞后，检测方法滞后于产品标准，造成纯粮固态白酒和新型白酒检验难。感官检验也是鉴别真假粮食酒的检验方法，快速而高效，但目前老百姓的检验方法不够权威，而国家没有把专业人士的感官检验作为重要判断依据。

三、"新型白酒"的未来

"新型白酒"是在科技进步和市场需求的不断变化中逐步发展起来的，它是传统工艺与现代生物科技相结合，也是基于相关酒类分析技术、勾兑技术、酒精质量全面提高的综合体现。新型白酒包括液态法白酒和固液法白酒，国家为此制定了严格的质量标准，液态法白酒以含淀粉、糖类物质为原料，采用液态糖化、发酵、蒸馏所得的基酒（或食用酒精），可用香醅串香或用食品添加剂调味勾香、勾调而成的白酒，即符合 GB/T 20821—2007 的要求。固液法白酒是以固态法白酒（不低于 30%）、液态法白酒勾调而成的白酒，即符合 GB/T 20822—2007 的要求。目前，我国新型白酒已经实现了高科技、自动化、微机勾兑，并利用先进的分析仪器，产品质量相对稳定，几乎可以与固态法白酒相媲美。新型白酒具有"杂醇油含量低、香气柔和、绵甜舒适、酒体丰满、口味干净"的风格，受到不同阶层消费者的喜爱，也非常符合现代人健康饮酒的新理念。

从上面的论述，我们可以看出，"新型白酒"是一种新型的健康白酒，也是国家提倡的；而"勾兑"是传统白酒和"新型白酒"，乃至于其他食品类产品中都会使用到的工艺技术。所以，对于"勾兑"一词，应该科学对待，对于"新型白酒"，应该理性消费。在产品质量和食品安全越来越受到公众关注的背景下，新型白酒冒充纯粮酒不仅损害了消费者的利益，也让高端白酒遭受不正当竞争，希望白酒企业敢于面对，如实宣传，让消费者明明白白消费，殷切盼望各职能部门以科学的态度来宣传它，只有这样才能推动中国白酒事业向前发展！

第七章

酒体设计的思路和方法

❖ 第一节　掌握当今社会白酒流行趋势

随着人们生活水平的不断提高，"健康、理性、个性"的现代生活理念，决定了"绿色、健康、安全、时尚"已经成为时代的主流。人们追求清新典雅、轻松愉快的生活氛围，对酒的要求也发生改变，不再只强调香浓，而是更加注重酒体的绵柔协调、香气的优雅，饮时轻松，饮后舒适，喝了口不干、头不痛、不易醉，醉了醒酒快，同时，入口绵柔顺喉、浓而不烈、柔而不寡、丰满协调。

当今社会大众酒市场品牌繁杂，消费者选择虽受产品知名度的影响，但最终选择的一定是品质良好的产品。名优产品升级换代后大多数是市场畅销品，因为名优产品的口感和质量是多年来经过广大消费者和市场考验出来的，它们的品质被广大消费者深深地印在脑子里。

中国白酒的发展必须与国际化接轨，走低度化，因为威士忌、白兰地等蒸馏酒的酒度大多在 37° ~ 43°之间。

根据当前酒类行业的发展趋势，针对不同地区、不同阶层等有目的地进行合理化的酒体设计。

1.度数两端化

要密切关注消费趋势的变化，要么是 52°浓香、53°酱香，要么是 38°、39°、42°低度顺口酒，个性消费，各取所需，没有对错之分，消费者喜欢最重要。

2.高风味

中国白酒百花齐放、各有其美、各表其美、各美其美，在风格上将以"高风味"新消费需求引领。主要表现如下。

（1）主流浓香一香多派　浓香型不仅是单粮、多粮这么简单，也不仅是长江名酒带、黄淮名酒带这么笼统，而是绵柔型、淡雅型等从"香"到"味"多流派涌现。

（2）酱香、清香市场扩散　酱香从贵州走出去，四川、河南、山东、江苏等市场也在发力酱香；清香在山西、北京、河北、河南、山东、天津、内蒙古等地扩散，正在逐步成就大清香市场集群。

（3）淡化香型　高品质的名优白酒已成为消费者追求的目标，从追求香为主，转变为以口味为主。在酒的质量上，要追求风格个性化，香味复合化，酒度系列化，价格层次化，充分满足雅香自然、甜润舒适的感受。

香味、口味和口感是白酒给予我们感觉器官综合刺激的反应，它们是有机统一的整体。有人片面地理解过去"重香不重味"和现在"重味不重香"的状况，将香味、口味和口感割裂，这是不正确的。过去重香气，但不等于弱化白酒口味口感。因为过去物质匮乏和标准不完善，"香味大"曾是评酒和消费者选择好酒的标准，当今市场需求的变化，促使我们对酒体精雕细琢，更加注重口味和口感的同步提升。因此，当今流行的以味为主不等于弱化香气，更加强调对香气、口味和口感协调和完美，只有这样才能彰显出中国白酒的魅力。

（4）香型融合　香型融合是白酒创新的典范，它弥补单一香型的不足，明显提高产品质量。五粮液、剑南春是最早使用浓香与酱香融合技术的厂家。苏鲁豫皖四省以"淡雅爽净"为主体的浓、清、酱结合的复合型白酒完全符合消费趋势，得到了快速发展。

① 香型融合是酒体设计理念的重大飞跃。

所谓香型融合，是指各香型间通过酿造工艺或者酒体设计等手段，使酒体在香和味上取长补短，互相渗透，互相融合，使原来那种独立或者单个的香型间清晰的分割界限被打破，香型概念也逐渐变得越来越模糊。如像兼香型中的"浓兼酱"型和"酱兼浓"型就是浓香型和酱香型的酿造工艺融合。当今有的发展为直接采用浓香型基酒与酱香型基酒进行勾兑融合，形成兼香型酒体。我们认为，香型融合是新产品设计理念的重大飞跃。

② 香型融合是支撑专家酒体设计与个性化市场需求的重要途径。

面对不同的消费群体，企业更多的产品应该是贴近广大消费者的产品。为此，只有通过香型融合，才能以个性化酒体设计来满足不同市场的消费需求，最终适应消费者与时俱进的消费口味变化；满足区域特定消费习惯；适应香型概念淡化的发展趋势；解决专家口感与消费者口感的差异问题。

③ "一香为主，多香并举"是未来大中型名白酒企业创新的主攻方向。

虽然从市场影响力和生产规模来看，中国白酒业仍然活跃于"浓、清、酱"三大基本香型，但在产品、工艺、风格、口感等方面，都不同程度地研究中国白酒香型的融合，将有助于推动中国白酒新一轮的发展。我们必须清晰地认识到：产生新的酒种，并不是发展或者创立新的香型，而应该着力于产品的品牌和市场。浓香型白酒近年来口味正在向着绵软、绵柔和淡雅方面发展，这就是企业经营逐渐着力于消费者、着力于市场和着力于品牌的结果。

香型融合的关键技术：有主有次，烘托风格；比例恰当，协调平衡；融合储存，维持平衡；提前融合，工艺先行。

第二节　酒体设计的任务和目的

随着社会的发展，消费理念的转变，自主选择意识的增强，新的消费时代带来新的消费趋势，区域化、个性化口感越来越明显，谁能设计出消费者喜爱的口感，谁就能占领市场，增加效益，因此近几年来酒体设计显得非常重要。酒类作为食品类特殊饮品，产品质量高低彰显出企业综合实力和技术水平，综合实力和技术水平高低决定在行业地位。酒体设计当然是酒行业核心技术，它包括了酿造、储存、品评、勾调等一整套的实施方案和管理准则。勾兑和调味是酒体设计的核心技术，是酒体设计的重要组成部分。

酒体设计是在勾兑基础上发展起来的，多年来都是以师传徒逐个单传的方式亲口传授，十分神秘。酒体设计既是一门技术，又是一门艺术，它是稳定和提高产品质量的重要手段，也是中国白酒创新的方法之一，近几年来各企业技术人员都在不断探索和完善中。什么是酒体设计呢？酒体设计是根据某类酒的理化性质、风味特征、市场需求、各地区消费者的喜好、饮食文化等各方面因素，对酒类产品进行合理的设计和搭配，使之达到具有某种典型风格和个性特征的酒类产品的一门技术。

酒体设计是中国传统民族特色酒业的工艺创新和升华，也是对中国白酒业技术创新的理论性的总结，对提升全行业总体科学技术水平具有重要意义和深远影响。

1.酒体设计的任务

① 确认要求的酒体风格特征。

② 建立并指导原料、曲药、设备与工艺操作等因素对酒体风味特征形成影响的科学过程。

③ 建立成品酒酒体特征的形成模式和操作方法。

④ 找出实现白酒酒体风味特征的关键技术和味觉转变点。

2.酒体设计的目的

① 适应市场，为消费者提供具有独特个性风味特征的产品。

② 有效控制白酒风格，提高白酒的适口性和稳定产品质量。

③ 提高优质酒的比率，节约粮食，增加经济效益。

④ 酒体设计就是设法改变或改进酒中部分微量成分比例关系，改善酒体的品质或创新酒的风格及流派措施和手段，针对客户需求，快速开发新产品，改善老产品，突出产品个性。

第三节　酒体设计师应具备的能力

要做好酒体设计工作不是一件容易的事情，要求设计者具有较高的技术素质和较强的研发能力，酒体设计师必须懂酿造、懂品评、懂化验，一个好的酒体设计师一定是一个好的品酒师，而一个好的品酒师不一定是一个好的酒体设计师。使用酒体设计的原理和方法，不仅可以有效地控制白酒的整个生产过程，而且能够保证形成并完善酒体的独特风格，提高产量，保证质量，降低成本，增加经济效益。它最大好处还在于帮助我们快速开发新产品和改善老产品。

酒体设计师首先要对形成预生产产品的物理性质、化学性质、风味特征，原料配方，发酵剂的类型，生产工艺，成品检测，产品标准等进行综合平衡和有效控制，为保证产品质量的稳定制定一整套的技术标准和管理准则。

第四节　酒体设计的五大原则

① 酒体设计要保证各项指标符合标准的原则。紧密联系群众，适应消费群体，根据不同地区饮食文化消费习惯、经济状况和消费阶层等要求，做到产品定位准确。

② 体现产品的个性化和口味的新鲜感，不同档次之间区别明显的原则。

③ 酒体设计不同档次之间既考虑质量又考虑成本价格和质量之间找到平衡点的原则。掌握市场变化规律，及时快速提前设计，抢占市场。

④ 酒体设计要大胆创新，精雕细琢，打破传统观点，不受香型限制的原则，借鉴其他香型酒的优点来补充本厂酒体的不足。近几年来香型融合的产品的市场上很多，浓头酱尾、浓头芝尾、清香略带酱香等各种风味应运而生。

⑤ 新设计品种上市后，对市场反馈信息及时采纳，尽量缩小与消费者要求和期望的距离，对酒体设计及配方等方面及时进行优化完善的原则。要避免口味同质化。以自产酒质为主体，适当借鉴其他酒的优点，以点带面，弥补缺陷，既不失去本厂风格，又彰显产品个性，只要符合国家酒类相关标准，老百姓爱喝的酒就是好产品。

第五节　影响酒体设计的五大因素

1.区域化

由于我国地大物博，人口众多，不同民族、不同地区的环境因素、生活习惯、饮食文化造就了酒体设计要有明显区域化。如东南沿海，由于气候较潮湿炎热，饮酒风格以清淡绵柔为主，喜欢饮用低度酒；西部、北部地区喜欢饮用高度酒，以香浓、醇甜为主。

2.层次化

由于消费层次的多元化导致酒体设计的多层次化。消费收入决定消费阶层，中、低端产品要有鲜明区域化、大众化，高收入人群消费大多高端化，高端产品多用于礼品、商务接待用酒。

3.多样化

不同民族、不同人群、个人喜好等方面造就了酒体风格的多样化及个性化。北方人豪爽，要求窖香、劲大，以高度、中度为多。

南方如四川、湖南等多以中高度为主，要求酒体饱满，窖香浓郁，香气纯正，诸味协调，醇和绵软。年轻人喜欢喝高度酒一醉方休，老年人喜欢喝低度、清淡、营养的小酒。

4.时代化

酒体设计要顺应潮流，与时俱进。随着人们生活水平的不断提高，人们追求清新典雅、轻松愉快的生活氛围，对酒要求也发生改变，以"香"为主转变为以"味"为主，从"香气浓郁"转变为"香气优雅"，从"单香"转变"复合香"，从"醇厚"转变为"淡雅"，从"余味悠长"转变为"后味爽净"。

5.国际化

中国白酒要想国际化，首先要制定接近国际化口感的标准体系。淡化香型，减少芳香物质的含量，降低酒的度数，减少辛辣感，针对不同国家、不同消费场景设计不同的酒体，使外国群体对中国酒类品牌产生信任度。

酒体设计的创新方法如下。

（1）由单一香型向多种香型融合设计，形成个性化、差异化。

① 清香型白酒和浓香型白酒间勾兑可以使香味淡雅、清爽。

② 浓香型白酒和酱香型白酒间勾兑，可呈现幽雅、醇厚、丰满的风格特点。

③ 浓、清、酱间勾兑，可呈现多层次、多滋味的风格特点。

④ 清香型和酱香型间勾兑，可呈现焦香清雅、淡雅酱香的风格特点。

注意一定要体现主体香风格，适量添加其他酒弥补单一香型的不足。

（2）传统白酒要融入健康因子，生产健康白酒。

（3）风味由香浓到香雅，余味悠长转变为后味爽净，辛辣转变为绵柔。

（4）不同类型的酒进行合理的搭配，如与白兰地、水果酒搭配等。

第六节 酒体设计的步骤

1.调查

在进行酒体设计前要做好调查工作，内容包括市场调查、技术调查、分析原因、新产品构思。

2.样品试制

样品试制的第一步就是进行基础酒的分类定制和制定检测验收标准。

3.基础酒的组合

按照样品标准制定基础酒的验收标准；按理化和感官指标，以及微量香味成分的含量和相互间比例关系的数据验收基础酒。

4.制定调味酒的生产方法

它是确定新酒体风味设计方案中应制备的各种类型调味酒工艺。

5.样品酒的鉴定

在样品酒制出后必须要从技术上、经济上做出全面的评价，再确定是否进入下个阶段的批量生产。

第七节　酒体设计方法

① 确定微量成分的含量和比例关系，确定该产品的独特风格和典型特征，然后确定一种或者几种必用的调味酒和基酒的组成，制定出切实可行的一种或者几种酒体设计方案。

② 试验小样。根据酒体设计方案，调配几个小样，进行品评选择，同时核算酒体成本。

③ 调制产品标样，根据小样鉴定结果，配制50～100kg产品，广泛征集意见，最好能做消费者饮后反应试验，最后修正方案，确定标样。注意不要以个人口感为依据，要以大众口感为依据。

④ 复查标样，标样还需要经过1～3个月的储存试验，检查是否有变味、降香等现象，加以确认和解决。

⑤ 制定产品的调制工艺和技术要求及产品质量标准、检验方法等。

⑥ 基酒组合。试制备小样与标样对比，合格后制备大样与小样对比，调味，开始放大样生产。

酒体设计与新产品的开发是有一定区别的，它们的含义是不同的，不能把它们混淆，这样才能正确地开展工作，实施计划。酒体设计是指本企业产品或者说是同香型酒中已知微量成分的调整，或者说是在保持自己独特风格的基础上对微量成分的调整。使之达到提高酒质，改进口感，以适应市场不断变化的需求之目的。所以有的企业把勾调车间、勾储车间或勾兑室等更名为酒体设计中心或酒体设计室，进行已含有的香味微量成分之间的微调；而新产品的开发，则是除了白酒中已知微量成分外，还必须有新的香味成分的加入，重新树立本产品的特征和典型风格。后者是在保持完整、科学的生产工艺的基础上，要突出一个新字，不仅仅是老产品之间的内部调整。两者有区别，又有一定联系。

第八节　高品质时代下如何进行酒体设计

新时代，白酒行业要做到高品质、多风味、低消耗、绿色、协调、可持续发展。品质是品牌的基础，一个品牌的生命力，一定是建立在好品质的基础之上。为满足人民日益增长的美好生活需要，品质时代下如何进行酒体设计呢？通过近几年市场调研和酒体设计培训经验，汇集酒企技术人员面对消费者对口味反应的新要求，本人谈下自己的观点。

1.提升品质，与时俱进

时代在发展，消费在升级，美好生活需要美酒相伴，我们要逐步提高产品质量，优化产品结构，要诚信，不要以年份、洞藏等概念忽悠消费者，低质高价，以次充好。高质量时代离不开三大精神的支撑，工匠精神是产品之魂；创新精神则是质量时代维系的根本动力，是一个民族除旧布新的思想之源；而企业家精神则是工匠精神与创新精神的集纳者。以工匠精神为基本，以创新精神为引领，以企业家精神把工匠精神、创新精神凝聚起来，必能推动产品高质量发展。

2.口味创新，跟上时代

在当今消费升级和高品质消费的时代，人们对消费的认知不再盲从，对品牌与品质的要求越来越高，白酒辛辣、暴香的时代一去不复返了，对酒有了新的要求，幽香、淡雅、陈绵、爽净、舒适、天然、绿色、时尚、健康是好酒的新标准，此类酒是他们的首选。随着消费心理和观念的转变，消费者对于养生和健康的需求越来越关注。

3.理念创新，养生为尚

时代在发展，消费在升级，守正创新是企业发展永恒的动力，只有理念上创新才有产品的实际创新。打败你的不是对手，颠覆你的不是同行，甩掉你的不是时代，而是你传统的思维和相对守旧的观念。传统的酿酒原料和方式要逐步改革，在主要原料以谷物为主的基础上可以适量加入药食两用原料，既增加了酒中对人体有益的成分又提升了酒的风味，何乐而不为呢？酿酒的方式和工艺也要创新，其主要目的要达到将原料中的对人体有益成分最大限度提取出来，同时，口味也有大幅度的提高，这应该是酒类行业要研究的方向，低度化、健康化的酒品一定是当今社会发展的方向，也是走入国际市场的必备条件。

以高技能人才支撑高质量发展，人才是创新的根基，是创新的核心要素。高质量人才是支撑和实现高质量发展的重要基础，那么，充分挖掘人才潜力，凝聚更多优秀人才来创新，是推动高质量发展的重要路径。

第九节　酒体设计时掌控酸甜苦咸的相互关系

1.咸味与其他味的关系

（1）咸味和甜味

① 咸味会因添加蔗糖而减少，在1%～2%食盐浓度下，添加7～10倍的蔗糖，咸味大部分消失。若20%的食盐溶液，添加再多蔗糖，咸味也不消失。

② 甜味由于添加少量食盐而增大。10%的蔗糖溶液中加入0.15%的食盐时最甜。

（2）咸味和酸味

① 咸味由于添加极小量的醋酸而增强，即对1%～2%的食盐溶液加0.01%的醋酸，咸味增大。

② 咸味由于添加大量醋酸而减少，即在1%～2%的食盐溶液中，添加0.05%以上的醋酸，咸味减少。

③ 醋酸在任何浓度时添加少量食盐，酸味增强，添加大量食盐，酸味减少。

（3）咸味和苦味

① 咸味由于添加苦味物质而减少。

② 苦味由于添加食盐而减少，但苦味处于最低呈味浓度（0.03%）时添加 0.8% 的食盐，苦味反而稍微增强。

2.甜味与苦味的关系

① 甜味由于添加苦味物质而减少。

② 苦味由于添加蔗糖而减少，但是对于 0.03% 的极微苦味物质浓度，要添加 20% 以上的蔗糖才能使苦味消失。也就是说，在配酒时用加糖的办法，想抵消苦味是很难办到的，往往加糖以后，口味变得先甜后苦，或者是苦甜苦甜的怪味。

3.甜味与咸味的关系

如前面所说，甜味由于添加了少量食盐而增加甜度，反过来，咸味由于添加了蔗糖而减少。在配制某些果汁酒时，为了增加甜度，试加少量食盐溶液是值得一试的。

4.各种口味物质的相互作用

（1）中和　两种不同性质的味觉物质相混合时，它们各自失去独立味感的现象称为中和。

（2）抵消　两种不同性质的味觉物质相混合时，它们各自的味被减弱的现象，称为抵消。

（3）抑制　两种不同性质的味觉物质相混合时，两者之中的一个味全部消失，而另一种味仍然存在的现象，称为抑制。

（4）加成效果　两种味道相同或类似的物质，它们混合物的味道会比单独存在时更强，这种现象称为加成。

（5）增加感觉　少量的食盐存在时，砂糖的甜味增加。这种现象叫增加感觉，也叫对比。

（6）变味　一种物质在舌上的时间延长，就感觉与最初的味有所改变，这种现象称为变味。

（7）融合　类似于中和现象，但它使用起来具有更广泛的实用内容，一个配得较完美的酒，尽管有许多种成分，但各个成分不能被单独地感觉出来，而只能出现统一的味道，这就称为融合了的味道。

（8）混合味觉　混合味觉，即多味混合后所产生的总的味觉。甜与酸是容易发生抵消的，甜与咸虽不相抵消，但产生中和，甜与苦也容易发生抵消，酸与苦的中和、抵消现象都是没有的，酸味使苦味增加，而苦与咸的中和与抵消是容易产生的。为了使混合后能得到有益于酒的口味的味觉出来，研究和掌握各味之间的变化是有重要意义的。

◈ 第十节　影响香气释放的因素

1.浓度

香气物质的浓度不同，呈现出来的效果截然不同。同一物质的浓度不同时产生香臭各异，有的物质含量高时是臭味，低时是香味。

2.温度

温度高低决定香味物质挥发，同样浓度物质在不同温度下呈现味感都不同。如温度高时苦味、咸味强，温度低时甜味、酸味强，所以喝饮料时都冰镇后喝。白酒品评温度以 18 ~ 25℃时为宜，过高过低都影响品评结果。

3.介质

介质是指香气物质所处环境。如同一物质溶于不同溶剂中，其味道就不同，如部分氨基酸溶于水中微甜，溶于乙醇中呈苦味。

4.易位

易位是人类对不同食品要求不同，如双乙酰是白酒中香气之一，但要限制，它是奶酪的主体香，是烟和茶的重要香气，啤酒、黄酒中却要限制。硫醇是臭味，但却是酱菜香味的主要来源。己酸乙酯是浓香型主体香，却是清香型的大忌。近几年来，因为创新口味，可以跨香型融合，但要严控其含量。

5.复合香

复合香是汇集所有成分体现出的整体香气。如乙醇微甜，乙醛呈黄豆臭，两者结合却呈现刺激性较强的辛辣味。两种以上物质相混合，因为相乘或相杀作用，改变了单体所特有的香气。

第十一节　中国白酒创新思路探讨

1.改进传统工艺、守正创新

坚守传统工艺是生产优质白酒的先决条件，有些因素不能改变，如当地的优质原料、气候、水质、土壤、环境，但有些是可以改变的，其目的提高科技含量，更利于品质的提升。如浓香型白酒延长发酵周期，双轮底工艺，回酒发酵，分层蒸馏，分段摘酒，掐头去尾，分级储存，提升制曲温度，融合其他香型工艺等。

2.利用现代生物工程技术创新传统工艺

白酒是微生物发酵的产物，在发酵产生乙醇的同时也生成很多微量成分，不同地区同样工艺、同样原料，因地区不同，微生物种类和数量差异很大，导致酒质差别大。传统白酒酿造微生物全是自然接种的，条件变化影响大，可利用现代生物科技进行强化、增加有益微生物，降低无益微生物或有害微生物，提升白酒品质；利用其他食品发酵微生物跨界创新，推动传统白酒的发展。

3.创新原料品类和配方

为满足人们不断增长的物质文化生活水平和健康中国的需求，健康白酒是今后发展的方向。可以拓宽白酒生产的原辅料，以增加对人体健康有益的成分种类和数量，比如加入其他粮食和花果，或者加入中药材生产功能型白酒，在香气和疗效发生冲突时，疗效服从于风格，只有这样才能保持传统白酒固有的风格，更利于身心健康。

中国白酒的标准为什么在原料上一定要固定在现有的几种之内呢？

4.把白酒和现代科学融合起来

如何把粗放的白酒工艺改造成高科技水平的生产工艺，使质量提高、可控性强，必须做到树立正确的白酒质量方向。因为白酒是古老的、传统的、民族的产业，所以对产品质量的要求认识是很不一致的，归纳起来有以下两种思想。

（1）守旧的思想 认为白酒生产用传统工艺的酒质最好，并借此来打压用现代科学技术方法生产出来的白酒，企图引导消费者怀旧，而促进销售，获得高额利润。

（2）越老越好的思想 认为白酒的生产设备包括房屋，都认为越古老的所产白酒质量越好，还有就是酒越存越好，于是出现了三年、五年、十年、二十年甚至五十年陈酿的市售白酒产品。还有人把它作为"文物"，高价收购一些时间很长的（包括瓶装和盒装）产品，把酒文化融入了酒质之中来炒作。

过分炒作仿古手工酿造，阻碍白酒机械化进程，使得繁重的体力劳动在所有企业均有存在。部分现代化企业花巨资做仿古厂房和门头，把悠久的历史人物搬出来编写塑造酒文化，忽视产品质量的与时俱进。我们应该发挥区域优势，创新工艺，生产高质量的产品，重现区域酒的优势。

第十二节 白酒香型和质量的关系

香型和白酒质量没有关系，品质优劣也不是由香型决定的，品质也不是由产地决定的。白酒工艺是由各地地理位置、自然环境等方面决定的，工艺决定香型，各有其独特风格。

个人以为不要盲目崇拜某个香型白酒，香型不代表品质的好坏，只是个人喜好、饮食习惯和消费水平而已。

现在各类香型白酒跨界融合创新，取长补短，弥补缺陷，长期发展下去会导致各种香型酒风格不典型，区分不明显，淡化香型是必然的。老百姓爱喝的、对人体健康的酒就是好酒，以香型判酒定酒的优劣是错误的。

　　传统的酿造技艺是祖先留下的宝贵财富，应当传承发扬，人们都知道纯粮固态发酵才能生产出真正的好酒，但由于固态发酵是开放式发酵，自然接种，菌种复杂多变，发酵过程存在很多无法定量控制的因素，而且传统固态发酵工艺发酵生产率较低，可控性差，固态发酵的科学理论研究也相对薄弱，人们沿袭着古老的传统确实能做出好酒来，但却没有数据充分证明这是酒之所以好的根本原因。随着人们生活水平的提高与改善，要满足更多人对好酒、美酒的需求，仅靠固态法酿造工艺生产白酒很难做到，也不利于节约有限资源，所以国家将白酒分为三种生产类型，固态法白酒、液态法白酒、固液法白酒，类别不同，执行标准不同，不能以生产工艺类别判定产品好坏，因为世界上没有十全十美的产品，把品质做到极致才是最好的。

第八章

新型白酒的酒体设计与勾调技术

传统白酒固然好，价格高得不得了。

固液融合造价低，合法添加市场需。

新型白酒有国标，科技水平实在高。

有害成分含量低，酒体干净利于身。

广告宣传别乱套，实事求是很重要。

诋毁贬低不可靠，科学宣传来报道。

传统新型标不同，协调发展显其能。

新型白酒源于 20 世纪 50 年代，"食用酒精兑制白酒"是 1956年周恩来总理组织制订《1956 年至 1967 年科学技术发展远景规划纲要》中的重要课题之一，当时也十分符合全国食品工业规划明确提出酿酒业贯彻"优质、低度、多品种、低消耗、少污染、高效益"的方针。原轻工业部及白酒界的专家就提出了液态法白酒的生产，创造了中国式食用酒精研制白酒的设想，经过老一辈专家的精心研制，第一批调配酒于 1967 年在四川泸州地区上市了。

新型白酒是在科技进步和市场需求的不断变化中逐步发展起来的，它是传统工艺与现代生物科技相结合，也是分析技术、勾兑技术、酒精质量、香精纯度全面提高的产物。目前新型白酒正是这一课题的重要进展和成果，已被市场所接受。新型白酒包括液态法白酒和固液法白酒。要生产优质的新工艺白酒，必须以传统白酒为基础，没有固态法白酒就不可能生产出好的新型白酒，怎样才能生产出消费者喜爱的产品呢？现就本人多年生产技术经验与同行进行探讨。

第一节　原料的选择

1.食用酒精

一定要购买符合 GB 10343—2008 要求的优级酒精，无论是自己生产的酒精，还是购买的酒精，每批必须做甲醇、杂醇油含量复查。要选用气味尽可能纯正的食用酒精，也可用勾酒用水降度后进行尝评。还要注意酒精的颜色和含铁量。酒精处理可用活性炭法、高锰酸钾法、复蒸法、酒用净化介质法，通过实验，认为酒用净化介质法效果最好，特点是成本低，操作简单，卫生干净，口感最理想。

2.香精香料

新型白酒的香味来源主要是香精香料，所以香精香料的纯度、风味直接影响产品质量。个别企业为了降低成本，使用一些劣质或过期的香精香料，例如，乳酸是白酒中重要的呈味物质，它在酒中若含量适中会赋予酒醇厚丰满的口感。但若使用过期的或质量不好的乳酸（尤以棕红色乳酸最差），黏度较大，加入酒中后会生成微小白色絮状物。这在生产时还不易被发现，过一段时间沉于瓶底后就会造成酒货架期沉淀。

企业选择原料时要特别注意以下几点：①所选择的食品添加剂必须符合 GB 2760 的标准；②选用国家定点厂家生产的产品；③尽量选择同一厂家生产的原辅材料，因为同一配方加入不同厂家的香精香料，其产品的风味相差很大，在保证白酒口感及符合国标的前提下，严格控制食品添加剂的用量。

3.加浆用水

水质好坏直接影响产品的质量，没有好的水就不可能产出好的酒。白酒加浆降度用水应符合生活饮用水的标准，即符合 GB 5749 的要求。如果饮水中含钙、镁盐过多，不但引起沉淀，还可能产生苦味；如果含铁过多，使酒产生铁腥味，并使酒色发黄，也是固形物超标的主要原因。有条件的厂，尽量使用纯净水勾调。

4.固态法白酒及酒头、酒尾、调味酒

适当添加固态法白酒，既能减少液态法酒辛辣感、浮香感，又可增加液态法白酒的糟香味，提高口感质量。添加酒头调味酒可提高基础酒中香味成分，增加前香，提高产品质量。因酒头中含有大量低沸点的芳香味物质，总酯含量最高，主要是挥发酯，喷香大。添加 1% ~ 2% 的酒尾调味酒可提高基础的酸度，增加后味。因酒尾中含有大量的酸味物质和高级脂肪酸酯，经适当储存和处理，用于勾兑新工艺白酒能产生良好的效果。若用量过大，会给酒带来尾子味。

5.调味酒选择

选择不同的调味酒来掩盖新型白酒香料味，避免香料露头带来酒体的浮香。应根据不同地区消费者的口感需求，选择适宜的调味酒。

① 双轮底调味酒，增加酒的香气，补充微量成分。

② 陈年调味酒，增加酒体的醇厚感，减少辛辣味，使酒体更绵柔。

③ 曲香调味酒，增加酒的曲香味。

④ 药香调味酒，用来提高酒的香气及酒体的丰满程度。

⑤ 芝麻香调味酒，因本身兼具浓、清、酱之风格，绵柔丰满，优雅细腻，香味协调，回味悠长，空杯留香经久不息，用此酒调味可增加酒的优雅、醇厚、绵柔，饮后令人心旷神怡，愉悦舒适。

⑥ 酒尾调味酒，选择酒精度25%vol左右质量较好的酒尾，储存一年后调味，可以起到增加后味的作用，使酒质回味长。

⑦ 芳香植物调味酒，优质丁香、桂皮、花椒、陈皮、香草等用65%vol原酒浸泡一年后使用，可以增加酒的香气和味道，减少水味。

第二节　酒体设计的思路

根据不同地区消费者的需求，酒体设计时，先调指标，后调口感，把浓、清、酱等其他香型纳入酒体的设计范围，并利用各香型酒的长处，来补充单一香型的不足，达到取长补短的效果。在保证符合国家标准的前提下，根据市场需求确定酒体配方。酒体设计时应遵循以下原则：

① 成本和质量之间应找到平衡点。

② 不同档次的酒，质量要有明显区别。

③ 通过微调一定要去除或降低酒精味和香精味。

④ 严格按新型白酒的国标操作。

⑤ 勾调后要反复检验，品评对照。

⑥ 保证储存期在一周以上。

⑦ 保持本企业相同产品微量成分基本一致，口感与风格相对稳定。

比如，安徽省亳州市涡阳县酿酒研究所科研人员在对新型浓香风格 52%vol 白酒进行酒体设计时，首先确定了骨架成分，然后按以下方法及思路来进行设计：

① 酯类是白酒香气的主要成分，比例大小是己酸乙酯＞乳酸乙酯≥乙酸乙酯＞丁酸乙酯＞戊酸乙酯，总酯含量 2.5g/L 左右。

② 酸类是白酒中主要的呈味物质，具有稳定香气的作用，比例大小是乙酸＞己酸≥乳酸＞丁酸＞戊酸，总酸含量在 0.8 ~ 1.2g/L 之间。

③ 醛、酮类在白酒中起到烘托香气的作用，主要包括乙醛、乙缩醛、双乙酰、醋嗡等，特别要注意乙缩醛和己酸乙酯的比例，如乙缩醛用量过大，则压香，酒发涩，过小酯香突出，香气大，不自然，外加香明显。

新品设计七字口诀

新品开发需谨慎，市场调研再跟进。

健康引领新潮流，个性产品销不愁。

畅销产品细品尝，理化数据更周详。

两项结果来判定，豁然开朗真高兴。

产品对照心中明，酒体设计便形成。

直奔主题找基酒，小样勾兑方法有。

调味精华酒千万，还要综合来判断。

好像衣服要得体，适合自己有道理。

缓冲平衡和烘托，画龙点睛提风格。

第三节　勾调的方法

科学地进行白酒勾调是从酒的理化、色谱成分统计录入处理等角度着手，建立酒体指纹图谱、专家鉴评等系统，大幅度减轻手工数据查询的劳动量，控制勾调成本，稳定产品品质，为勾调从经验型向数字型转变提供科学依据。另外，白酒勾调还需注意酸酯平衡，在已知总酸前提下，通过反应式及平衡常数计算出总酯含量，或已知某有机酸含量的前提下，可计算出该有机酸酯的含量，通过勾调使酒体达到酸酯平衡。勾调是稳定和提高白酒质量的关键工序，是塑造白酒典型风格的重要手段。配方确定后先进行小样勾调，品评检验合格后，方可进行大样勾调。

其方法是将食用酒精净化后，加水稀释，再加入适量的固态法白酒或酒头酒尾及食用香精香料等食品添加剂，按照国家标准先调指标，后调口感，从酒的"头香、体香、基香"三部分逐一调整，充分搅拌，经过品评检验多次微调，在合理的骨架成分前提下，掌握好酸酯平衡是使酒体协调的基本要求。实践证明，酸是白酒的呈味剂，酸能消除白酒苦味，增加酒的醇和感，酸也是新酒老熟的催化剂，对白酒香气有掩蔽作用。做到酸酯平衡，香味自然协调，再加入适宜调味酒。特别注意：大样勾调时计量一定要准确，体积单位和质量单位不能混为一谈，折算要精确，只有这样才能使小样和大样在质量上保持基本一致，储存期一般在七天左右，才能进行灌装，只有这样产品质量才能稳定。

第四节　当前新型白酒的现状分析

　　早期的新型白酒因分析手段落后，勾调技术水平差，缺酸少酯、口感差的现象时常发生，加之一些不法分子根本不懂勾兑技术，又贪图便宜，利用工业酒精勾兑白酒，给消费者带来巨大的伤害和恐惧，使人们谈到"酒精、勾兑"等字眼就害怕，其实大多消费者并不知道"勾兑"是酒类成型必不可少的关键工序。

　　目前，我国新型白酒已经实现了高科技、自动化、微机勾兑，并利用先进的分析仪器，产品质量相对稳定，几乎可以与固态法白酒相媲美。它具有"耗粮低、成本低（一吨纯粮酿造的白酒成本价格大约是食用酒精勾兑酒的6倍以上）、投资少、见效快、杂质少、生产周期短、科技含量高、没有香型限制，酒体设计时可调范围广，灵活方便，可勾调各种风格的酒"等优点被广大酒企所采用。近几年来，市场上新型白酒占有率越来越多，约占白酒市场的60%以上，几乎所有的白酒企业都生产此类产品。

　　新型白酒以"杂醇油含量低、香气柔和、绵甜舒适、酒体丰满、口味干净"的风格，受到不同阶层消费者的喜爱，也非常符合现代人健康饮酒的新理念。但是大多白酒企业新型白酒商标标签上执行的仍是固态法白酒的标准，虽然有极少数企业执行新型白酒的标准，但在配料中未见"食用酒精和食品添加剂"名称。在产品质量和食品安全越来越受到公众关注的背景下，勾兑酒冒充粮食酒不仅损害了消费者的利益，也让高端白酒遭受不正当竞争，希望白酒企业敢于面对，如实宣传，让消费者明明白白消费。

新型白酒的迅速发展原因如下：

① 淀粉出酒率高，能节粮降耗，大幅度降低成本，经济效益高。

② 机械化程度高，周期短，效率高。

③ 新型白酒所用的食用酒精比固态法白酒杂质少，安全卫生。

④ 新型白酒是提高中、低档白酒质量的捷径。

⑤ 新型白酒可塑性强，可根据市场需要和不同消费者的口味特点，随意开发新品种。

⑥ 便于全国基酒大流通，南北优势互补。

第五节　新型白酒生产的几种方法

一、串蒸法

1.香醅的制作特点

香醅制作虽采用固态发酵法，但其与传统的生产酒为目的的固态发酵有所不同。其主要工艺特点如下：

① 以提高香醅中的香味物质为目的，所以有时增大用曲量，有时延长发酵期。

② 增大回醅量，减少粮醅比是主要特色。

③ 采用生香酵母及培养细菌液参与发酵是主要的增香途径。

④ 回酒发酵，回发酵好的香醅再发酵是增香的有效办法。

⑤ 采用部分发酵力强的糖化酶、固体酵母参与发酵，提高发酵

率。这是目前各厂均采用的先进技术。

⑥ 采用特制的甑桶或蒸馏设备，底锅内放入稀释的食用酒精，直接利用酒醅进行串蒸。

2.香醅制作实例

（1）清香型香醅制作　取高粱粉100kg，与正常发酵21天蒸馏过的清香型热酒醅1000kg混合，保温堆积润料18～22h，然后入甑蒸50min，出甑后冷至30℃左右，再加入高温曲20kg，白酒酵母0.9kg，低温入窖发酵15～21天，即为成熟香醅。

（2）浓香型香醅制作　取60天发酵蒸馏后的浓香型酒醅1000kg，加入高粱粉100kg，大曲粉30kg，白酒酵母0.9kg，酒尾10kg，黄水酯化液10kg，入泥窖发酵60天，即为成熟香醅。

（3）酱香型香醅制作　取大曲7轮发酵后的按茅台酒工艺生产的香醅1000kg，加入高粱粉100kg，加入中温大曲20kg，白酒酵母0.9kg，堆积48h后，摊凉降温至30℃，泼入酒尾适量，入窖发酵30天，即为成熟香醅。

二、固液勾兑法

用一定比例的固态法白酒与稀释净化的食用酒精勾兑而成，也可用优质固态法白酒的酒头或酒尾与食用酒精勾兑而成。

三、液态发酵法

液态酿酒是指以粮谷、薯类、糖蜜等原料，经液态发酵、蒸馏成食用酒精的工艺路线。然后以液态发酵生成的酒基为基础，经过串香，调香，勾调出来白酒。

第六节　如何利用食品添加剂进行酒体配方设计

四川大学陈益钊教授认为，把白酒香味成分区分为色谱骨架成分、协调成分、复杂成分等三个部分进行研究较为合理。

名酒厂的生产历史悠久，其成品酒的风格得到大体上的继承，形成了一贯的风格，这些产品的色谱骨架成分提供了合理的、适宜的、来源于实践的信息资源，从统计学的意义上总结出来的色谱骨架成分含量范围，即可用于指导生产，香型、风格、工艺等与其大体相同的中、小型企业，也可借用这方面的成果。

随着色谱等近代先进技术的应用，仅五粮液酒中分析出的成分在一百多种，由于影响因素众多，又不可能把一百多种物质作统计学意义上的分析，只能对其中含量相对较多的物质分布规律和含量范围作出一些总结。

① 白酒色谱骨架成分的设计数值不应看作是一个固定不变的机械数值，只能看作是各物质的一个窄小的含量范围。例如，设定基础酒的己酸乙酯含量值是200mg/100mL，应理解为（200±x）mg/100mL，它不是一个绝对准确值，而是一个相对准确值。

② 合格基础酒的成分在很大程度上是与成品酒相似的，可以等同看待，因调味酒的用量少，对骨架成分含量不可能有多大的改变，这时的调味是通过香味成分味阈值的变化，以及某些微量成分来影响酒的质量和风格的形成。

③ 常用的办法是在相对固定的色谱骨架成分接近合格的基础酒中再补加一些酒，这些酒是有成分定量的，或已被用来组合过，这样成功率较高。另一种办法是按预先成熟方案，设计一种或几种含量范围，按方案用人工或微机所采用的酒组合基础酒。

④ 一个优异的色谱骨架成分含量，应表现为色谱骨架成分协调性好，它们的复杂成分（非色谱骨架成分）之间的协调性好，酒体可调范围大，香和味的一致性好，风格稳定。

⑤ 任何一类香型白酒的色谱骨架成分含量范围都来自实践，有统计规律的，固液结合酒应在这个含量变化范围内进行。

下面列出不同酒度、不同档次浓香型白酒的色谱骨架成分含量范围供参考（表8-1和表8-2）。

表8-1 52°浓香型白酒的色谱骨架成分含量范围　　单位：mg/100mL

成分	优级	一级
乙酸乙酯	80～130	80～90
丁酸乙酯	15～30	15～25
乳酸乙酯	70～140	100～130
己酸乙酯	160～225	170～190
正丙醇	20～25	15～20
正丁醇	15～20	15～20
异丁醇	15～20	15～20
异戊醇	25～30	20～25
乙醛	10～45	30～35
乙缩醛	20～45	30～35
丙酸乙酯	4～5	2～3
戊酸乙酯	8～15	5～8
异戊酸乙酯	2～5	2～3

表8-2 38°浓香型白酒的色谱骨架成分含量范围 单位：mg/100mL

成分	含量	成分	含量
己酸乙酯	110～180	异丁醇	1～8
乙酸乙酯	60～110	正丁醇	1～15
乳酸乙酯	70～110	异戊醇	2～5
丁酸乙酯	10～20	乙醛	5～20
戊酸乙酯	3～5	乙缩醛	10～30
正丙醇	10～20	丙三醇	20～30

第七节 白酒各段香气成分剖析

1.头香成分

头香是香气结构术语，亦称顶香，指最初嗅闻到的产品特征香气，主要是一些沸点低、易挥发的气味分子所表现的香气，最能表现产品的香气风格。通过嗅闻香气质量可大致判定酒体之质量，即大部分香气是产品中使用的大宗酒和带酒所混合后的香气质量。

头香成分主要是乙醛、糠醛、醋嗡、乙酸乙酯、双乙酰等，烘托主体香气。

2.体香成分

体香亦称中间或中段香韵，指酒的主体香气，是香型的主要组成部分，代表产品最主要的香气特征。在头香后被闻到，并能在较长时间内保持稳定或一致。通过嗅闻香气质量及其稳定性或一致性可大致判定酒体之质量，也可判定产品中使用的大宗酒之质量。

体香成分主要是己酸乙酯、乙酸乙酯、乳酸乙酯、戊酸乙酯、丁酸乙酯、庚酸乙酯等，修饰主体香气。

3. 尾香成分

尾香亦称底香，指产品的后段香气，即头香和体香挥发后留下的香气。尾香由高沸点挥发性物质所致，是维系香气稳定持久的主要物质。通过嗅闻空杯香气长短和舒适刺激度及香气质量可大致判定酒体之质量，也可判定产品中使用的带酒之质量。

尾香成分主要是有机酸和高级酯类。

4. 溢香成分

溢香亦称放香，指产品中芳香成分溢散于品评杯口附近空气中，徐徐释放出的香气。通过嗅闻香气强弱可大致判定酒体之质量。

5. 浮香成分

浮香指产品香气短促不持久，浮于面上，使人感到不是产品中自然散发的，而是外加的一种香气。通过嗅闻香气判定香与味之结合度，可作为是否有添加新工艺白酒的判定。

6. 喷香成分

喷香是香气品质描述词。一是指样品在自然状态下由于香气物质分子自然扩散作用喷发出来的香气；二是指产品入口后通过咀嚼，组织结构进一步碎片化，以及由于口腔温度通常比其自身的温度高，加剧了香气分子的释放与扩散运动，从而在口腔中感受到了一种强烈的充溢的香气，即满口喷香。喷香可作为香气、口味及香气与口味结合度之质量的判定。

7.焙烤香成分

焙烤香是焙烤食品特有的气味或口味，常由淀粉与其他成分在高温下产生的特有气味，是一种焦香、甜香、奶香等的复合香。

8.馥郁香成分

馥郁是形容香气浓厚、优雅、芬芳、持久，有一种舒适、愉悦的感觉。

增加刺激和酸味感可加入乙酸、乙醛、正丙醇、异戊醇、异丁醇、仲丁醇等。

补充酸味觉的变化，缓冲刺激可加入丙酸、丁酸、戊酸、己酸、乳酸、正己醇、乙缩醛。

口味持久、柔和、绵甜和缓冲作用可加入2,3-丁二醇、丙三醇、油酸、酒尾等。

在调香时要注意香味的层次感。所谓层次感可理解为香味成分表现秩序及风味本身的丰富多样性。白酒风味释放的秩序体现在香味的呈现上，有先有后，循序渐进，有序可依；多样性则体现在风味物质的多样，如白酒香味来自原料、发酵和陈酿环节，原料香有高粱香、大米香、曲香等，发酵香包括酱香、糟香、果香等，储存过程中产生陈香等，这些香味是粮谷原料香味的一脉相承和递进演化的结果。从低沸点的醛类，到中沸点的酯类，再到高沸点的高级脂肪酸及其酯，挥发系数的不同，让香味的释放呈现明显的层次感。

❀ 第八节　新型白酒酒体设计要点及配方举例

一、设计要点

1.要符合国家标准

按照国家标准先调指标，后调口感，从酒的"头香、体香、基香"三部分逐一调整，充分搅拌，经过品评检验多次微调，做到酸酯平衡，香味自然协调，再加入适宜调味酒。

2.注意酯类香气物质的含量

根据度数的高低定含量，特别是己酸乙酯，如酒度在32°～35°时，含量为1.2g/L，温度低于－5℃时，易出现浑浊和析出现象。在协调好"四酸四酯"的情况下，不要忽视其他高碳链脂肪酸酯的含量，如戊酸乙酯、庚酸乙酯等的含量，它们可以起到补助香气的作用，有效降低呈香物质的挥发率，保持产品风格的相对稳定。

酯类范围大体如下。

（1）己酸乙酯＞乳酸乙酯＞乙酸乙酯，这样的酒浓香好，味醇厚，典型性强。

（2）己酸乙酯＞乙酸乙酯≥乳酸乙酯，这种酒喷香好，清爽，纯净顺畅。

（3）乳酸乙酯≥乙酸乙酯＞己酸乙酯，这种酒发闷、发甜，不爽口，但只要用量恰当，可以使酒味醇厚发甜。

（4）丁酸乙酯≥戊酸乙酯，含量20～50mg/100mL的时候，这样的酒有类似中药味。

（5）乙酸＞己酸≥乳酸，这样比例较好。

注意，在调制新工艺白酒酒体设计时，千万不要以名优酒的理化指标来设计配方，只能作为参考依据。因为名优白酒的香味成分都是自然发酵的，而不是外加的。天地万物，结构决定性质，性质决定功能，功能决定价值。这是基本的科学常识。比如石墨和钻石，分子式一样，因为结构不同，性质不同，价值就极大地不同，中国白酒行业应加大对白酒组分、风味、感官以及对人体健康的研究。

3.掌握酸酯平衡

新型白酒的酸酯平衡值：高档白酒，总酯2.5g/L左右，总酸0.9～1.3g/L；中档白酒，总酯2.0g/L左右，总酸0.8～0.9g/L；低档白酒，总酯1.5g/L左右，总酸0.5～0.6g/L。只有这样才能最大限度地互溶。如酒度偏低，分子间互溶减缓，造成口感和稳定性差，若要改变必须长时间搅拌和存放，才能达到效果。

4.合理利用调味酒和调味液

只有合理利用调味酒和调味液，才能增加复杂成分，使酒体丰满，延缓水解。

二、配方举例

1.浓香风味白酒38%～52%vol

己酸乙酯1.0‰～2.0‰　　　　冰乙酸0.2‰～0.4‰

异戊醇 0.02‰ ~ 0.03‰	乳酸乙酯 0.5‰ ~ 1.5‰
乙酸乙酯 0.1‰ ~ 0.4‰	丁酸乙酯 0.06‰ ~ 0.1‰
戊酸乙酯 0.02‰ ~ 0.03‰	己酸 0.06‰ −0.1‰
2,3-丁二酮 0.04‰ ~ 0.08‰	丁酸 0.06‰ ~ 0.1‰
乙缩醛 0.02‰ ~ 0.09‰	甘油 0.1‰ ~ 0.2‰
乙醛 0.02‰ ~ 0.04‰	浓香型白酒 20% ~ 30%

2.清香风味白酒46% ~ 53%vol

乙酸乙酯 0.8‰ ~ 1.2‰	乳酸乙酯 0.4‰ ~ 0.6‰
冰乙酸 0.1‰ ~ 0.4‰	异戊醇 0.03‰ ~ 0.05‰
甘油 0.1‰ ~ 0.3‰	乙缩醛 0.02‰ ~ 0.04‰
乙醛 0.02‰ ~ 0.03‰	清香型白酒 20% ~ 30%

注意，最终配方设计由添加基酒理化指标高低和各地饮酒习惯决定。

❖ 第九节　各种风格新型白酒微量成分的排列顺序

以下数据仅供参考。

1.浓香风味

（1）酯类　己酸乙酯＞乳酸乙酯＞乙酸乙酯＞丁酸乙酯，其比例为1∶（0.6 ~ 0.8）∶（0.4 ~ 0.7）∶0.12。

（2）酸类　乙酸＞己酸＞乳酸＞丁酸，其比例为（1.1 ~ 1.6）∶1∶（0.5 ~ 1）∶0.13。

（3）醇类　异戊醇＞正丙醇＞异丁醇，其比例为 2.6∶1.5∶0.84。

（4）醛酮类　乙缩醛＞乙醛＞双乙酰，其比例为 2.8∶1∶0.0052。

2.清香风味

（1）酯类　乙酸乙酯＞乳酸乙酯，其比例为 1∶（0.7～0.9）。

（2）酸类　乙酸＞乳酸，其比例为 1∶0.3。

（3）醇类　异戊醇＞正丙醇＞异丁醇，其比例为 1∶0.6∶0.4。

（4）醛酮类　乙缩醛＞乙醛，其比例为 1∶0.43。

第十节　新型白酒勾调的原则

① 通过勾调可明显提升酒质的原则。

② 不同档次质量有明显区别的原则。

③ 严格遵守各项指标符合标准的原则，先调指标后调口感。

④ 反复检验，多次品评的原则。

⑤ 勾调后保证达到储存期的原则。

⑥ 保证本厂同类产品微量成分的口感基本稳定的原则。

⑦ 同类产品勾调量最大的原则。

第十一节　要重点理解的勾调常识

1.色谱骨架成分

色谱骨架成分是构成白酒的基本骨架，是香和味的主要构成要素，决定着白酒质量和风格的稳定。复杂成分决定白酒质量的等级和风格水平，复杂成分的典型性决定酒的典型性和风格，色谱骨架合理性影响复杂成分的表现方式，复杂成分的综合作用影响色谱骨架的协调关系。本人以为骨架成分含量决定风格，复杂成分含量决定产品档次。

（1）在生产过程中，必须解决好以下四方面的问题：香的协调、味的协调、香和味的协调、风格。香和味的协调主要包括两个方面的内容：一个是主导着香型的那些骨架成分的构成情况是否合理，骨架成分的构成情况是否符合实际情况，是否符合香和味的客观规律；另一个是在骨架成分的构成符合常理的状态下，是哪些物质起着综合、平衡和协调的作用，这就是所谓的"协调成分"问题。

（2）在骨架成分类别的掌握上，明确乙酯类是白酒的主体香，酸类是味的主体，酸与酯必须平衡，醇是香与味的桥梁，起到调和作用，醇需恰到好处，醛酮能辅助酒的放香。

（3）乙酯类是白酒的主体香，经验说明复合的乙酯类，比突出单体酯香好。

（4）口味的变化：从重香到重味，从香浓到香雅，从醇厚到绵软，从悠长到爽净，从单一香到复合香，从香甜到酸爽。

2.掌握酸酯平衡

酸酯平衡是勾调成功的关键。酸酯平衡能使饮酒不易上头，使酒体更协调、醇和、顺口，减少杂味。

（1）找出酸的味觉转变点。在勾兑白酒时，当酸的总含量和强度达到某一范围时，酒的苦味和杂味就会减弱或消失，这就是白酒的味觉转变现象。在色谱骨架成分合理的基础上，使用混合酸，仔细找出味觉转变点，得到混合酸的准确用量，这才是调配成功的技巧。

酯高酸低的酒体表现香气过浓，口味燥辣，后味粗糙，饮后易上头；酸高酯低的酒体香气沉闷，口味淡薄，杂感丛生。

甜得发腻且甜味久不消失，甜味过重等都是酸量不够或酒中主体酸成分比例不协调引起。

（2）增加酸的复合性。

（3）醇在酒中起到调和作用。醇过重，成了酒体的主峰，酒的味感就黯然失色，有时杂香、杂味露头；醇恰到好处，酒体甜意绵绵，各种风味尽显风采。

（4）利用酸的特性，增加酒的储存期。

3.浓香风味新型白酒配方设计要点

（1）己酸乙酯与适量的丁酸乙酯、戊酸乙酯、庚酸乙酯、辛酸乙酯、乙酸乙酯，它们香度大，有助于前香和喷香，是白酒香气馥郁的重要因素之一。

（2）戊酸乙酯、戊酸、甲酸、丁酸、庚酸、辛酸、丙醇等对白酒的陈味贡献较大。其中，酸的变化是研究陈味的重要途径之一。

（3）醛类物质如乙醛、乙缩醛等对酒的"香、爽"贡献较大。其含量过多则燥辣、劲大。异戊醛、异丁醛呈坚果香。

（4）酸类物质是白酒中重要的呈香呈味物质。甲酸、戊酸对白酒的陈味有一定贡献，丁酸、己酸、戊酸、乳酸、庚酸对绵甜贡献较大，但如含量过高，则使白酒出现杂味。乙酸对白酒的爽净贡献很大，过多则压香。

（5）乳酸乙酯和戊酸乙酯对白酒的绵甜贡献较大。

（6）醇类物质中正丙醇对白酒的陈味和绵甜贡献较大。多元醇对香气和绵甜贡献较大，过高则易使白酒燥辣、劲大及味杂。

第十二节　新工艺白酒可能出现的问题及解决方案

1.外加香现象

蒸馏酒或固液法白酒，在进行色谱骨架成分调整时，最难解决的问题是香和味的脱离现象（即明显感觉到外加香），即使是双轮底酒加浆降度后，有时也出现香和味的分离感，其实并没有"外加香"。

产生此现象的主要原因可能有以下两个。

① 骨架成分的合理性存在问题。

② 没有处理好四大酸、乙醛、乙缩醛的关系。四大酸主要是对味的协调，二醛主要是对香气的协调。酸压香增味，醛提香压味。

只要处理好这两类物质的平衡关系都不会使酒体产生"外加香"的现象，醛和酸的合理配置大大提高了各成分的相容性，掩盖了白酒某些成分突出的弊端。

2.白色片状或白色粉末状沉淀

（1）香料问题　新工艺白酒的调味特别是全液态法白酒的调味，离不开食用香料的使用，如果处理不当，会有析出沉淀现象。特别是半成品酒处理后，由于口味欠缺及理化指标达不到，需补调。在销售旺季，为保证供应，可以提前过滤。酒中的杂质没有完全析出来，即使处理后装瓶，在销售过程仍会有析出，从而形成沉淀。针对上述现象，调配时，首先在酒精中加入香料搅拌均匀后再降度，以便使香料充分溶解。其次在保证口味及理化指标的前提下，需要严格控制香料的添加量。同时酒的稳定时间不应少于一周，在保证供应的情况下，适当延长，以便使酒中的杂质充分析出，从而能够过滤彻底，保证酒质的稳定。另外，对使用的香料严把质量关，以防止香料中的杂质影响酒的质量。

（2）水质问题　水质硬度高时，与酒中的物质形成钙、镁盐沉淀。对配酒用水要做软化处理。可采用树脂吸附、电渗析、超滤、反渗透等水处理技术。

（3）新瓶的质量　由于有些新瓶不耐酸，装酒后，酒中的酸与玻璃瓶中含的硅酸钠反应，生成硅酸沉淀。使用新瓶时要严格检验，并用5%的稀酸清洗、刷瓶。

3.棕黄色沉淀

棕黄色沉淀可能是铁离子造成的。由于管道及盛酒容器长期腐蚀，出现铁锈，在使用过程中会带入酒中。有时即使酒中含铁离子很少，装瓶时酒的颜色外观看似很正常，但在销售过程中也会有黄色沉淀析出。酒中铁离子随其含量增加，酒依次呈现淡黄色、黄色，直至深棕色。

4.白色絮状沉淀或失光

在以酒精为基础勾兑的酒中有时也会出现白色絮状沉淀或失光，原因可能有下几点。

① 酒精中杂醇油含量较高，在水的硬度较高的情况下呈现失光浑浊现象。可采取把酒精降到 60°左右，用活性炭吸附处理的方法。

② 调入酒中的大曲酒尾、酒头、调味酒较多，导致酒中棕榈酸乙酯及油酸乙酯含量过高。在调味时，应严格控制这些调味酒的用量或是将这些调味酒进行除浊处理。亚油酸乙酯等高级脂肪酸乙酯含量较高，在低度、低温情况下，失去光泽。己酸乙酯、庚酸乙酯、戊酸乙酯、丁酸乙酯等常用香料添加太多，在低度、低温下也会出现失光现象。所以在保证口味的情况下，应严格控制香料的添加量。

5.油状物

近年来中低档的低度白酒越来越多，特别 28°～ 38°的低度酒加入香料后溶解能力差，在低温下析出呈油花状物。据分析主要是棕榈酸乙酯、油酸乙酯、亚油酸乙酯等，因此，特别是冬季调配低度酒时，加香料要严格限制，对所加的香料先用酒精溶解后再调入大样中，可把油状物出现的概率降到最低，以保证成品酒的外观质量。影响新工艺白酒沉淀的因素较多，各企业的情况亦不尽相同，需要大家不断总结，提高应对的能力。

❖ 第十三节　抑制和缓解低度白酒水解的方法

1.适当提高酒度

研究发现 40°以下的白酒稳定性差，易水解，需要有高超的勾兑水平和高质量的优质白酒做保证，否则很难保证其产品风格。现在市场上的白酒大多都是在 42°～ 52°的白酒，既不失白酒本身原有的独特风格，又降低了原有不稳定物质的含量。实践证明酒度越高，酒中胶体物越稳定，水解速度越慢。

为什么酒在 52°左右最稳定？经过大量的实验，专家发现白酒在 52°～ 54°时，水分子和酒精分子缔合最紧密，酒液黏度大。好酒讲究口感醇厚，而醇厚不仅在于酒体中微量元素的多寡，还在于酒精分子和水分子的融合程度，融合程度高，黏度就大，黏度大就显得醇厚。也正因为如此，才有那么多高端白酒均选择 52°左右作为自己的旗舰产品。另外，52.94mL 的纯酒精加上 49.83mL 水，其混合物体积是 100mL 而不是 102.77mL，表明此时酒精和水融合得很好。

2.适当提高酸度

实践证明，在勾兑低度白酒适量提高总酸的含量，使总酸的含量达到一个相对的饱和度，这样可以抑制和延缓低度白酒在储存过程中酯水解的速度，但不要过高，否则对口感会造成较大影响。

3.增加酒体的复杂成分

因为复杂成分的分子结构和性质差异很大，相互作用关系也复杂，远非色谱骨架成分所能比拟的，所以复杂成分对白酒档次起到举足轻重的作用。新型白酒中复杂成分主要来自固态法原酒和调味酒，合理利用可以补充成分和美化酒体，缓解水解速度。

4.避免高温暴晒

在暴晒和高温的环境下储存白酒，会加快酯类水解的速度，使酒质发生变化，所以储存环境应低温、阴凉、避光。

5.减少溶解氧和密封

酒体中的溶解氧是影响水解速度的关键因素。减少酒体溶解氧的措施，密闭储存容器，严格控制空气的进入也可抑制或缓解水解。

6.增加储存时间

增加储存时间可以提高乙醇分子与水分子的缔合度，形成相对稳定的胶体。胶体的形成有稳定酒质，使酒体丰满的重要作用，也能延缓储存期水解速度。总之，白酒中的酯类水解是造成胶体不稳定的主要原因之一。影响水解的主要因素是基酒的质量、酒体微量成分的协调度及酒储存条件等。基酒的质量越高，微量成分越丰富、协调，酒度越高，水解速度越慢，反之就越快。

❖ 第十四节　白酒中常见不良现象的原因分析

1.主体香不突出、风格不典型

① 浓香型白酒中主要原因：乳酸乙酯＞己酸乙酯＞乙酸乙酯＞丁酸乙酯。解决方法：增加己酸乙酯。

② 跟酿造工艺条件、参数、设备、环境、水质、微生物菌系等有关。如果某一环节没有控制好，酿造出来的酒就会偏格，出现风格不典型的现象。

③ 在白酒勾调过程中配方设计不合理，酒体主体香指标太低，

导致香不突出，口感风格不典型。

④ 在酒体组合时选用原酒不合理，如在调浓香型酒时添加清香基酒或者酱香基酒太多就会使浓香型风格不突出。

2.苦涩、异杂味酒

总酸、总酯低。

3.新型白酒有酒精味

① 选用串香酒为基酒，串香酒中原酒含量不足，其酒质粮香、糟香、窖香等不好。

② 配方设计不合理，酯、酸、醇、醛、酮比例不协调。

③ 选用的香精、香料质量不好，其风味不正，含量不够，杂质偏高等。

4.闻香有泥臭味

① 新窖池酿出的酒，特别是浓香型窖泥培养质量不好，泥土的生土味没有除去，用这种窖泥做的窖池烧出的酒泥臭味较浓。

② 有些酒厂在做人工老窖泥时配方设计不合理，选用烂苹果、烂肠衣等腐烂变质的物料，在发酵过程中容易引起杂菌感染，酒质有泥臭味。

③ 有些酒厂在发酵过程中采用夹泥发酵，其泥质不好，在发酵时将泥臭味带到酒糟中，通过发酵带入酒中。

5.酒曲味重

酒曲用量大，使用储存期短的酒曲。

6.生料味重

① 在酿造过程中粮食没有经过蒸煮，直接用生料进行发酵，其酿造出来的酒有很浓的生料味。

② 在酿造过程中蒸煮粮食不能充分糊化，导致粮食中间是生的，在发酵过程中生粮始终不能糖化，其生粮味被带到酒中。

7.酒糟味重

糟醅水分过大是产生糟味大的原因之一。另外，在酿造发酵环节粮糟配比不合理，如果酒糟配比太大，酿造出来的酒就有较浓郁的酒糟味。

8.刺鼻、暴香

① 储存期不到，酯类、醛类物质过高等挥发引起。

② 未经储存的新酒一般都入口冲辣，这是因为新酒中，低级醛类含量较高，储存时间短，还没来得及挥发或者缔合而引起。

③ 馏酒过程中没有充分地掐头去尾，低沸点物质没有充分挥发引起。

④ 在勾调过程中配方设计不合理。

⑤ 在调酒时基酒、调味酒选用不合理，选用了新酒、前段酒、带异杂味的酒等。

9.异杂味

① 在酿造时粮食杂质太重，有霉变腐烂现象。

② 在发酵过程使用了霉烂的配糟。

③ 在窖池管理过程中有杂菌感染等现象均可能引起酿造的酒有

异杂味。

10.酒体发闷

酒体中酯类、醛类偏低均会出现香气不愉悦。酒中酸类、醇类偏高会抑制酯香的挥发，酒体也会发闷。乳酸及乳酸乙酯含量过高也易造成酒体发闷。

11.酒体固态感不强和空杯留香时间短

① 酒体中原酒含量不足，有些酒生产工艺条件控制不好，其酒体异杂味较重，致使粮香味无法体现。

② 在勾兑过程中，由于配方设计中原酒搭配比例不恰当或者用的原酒质量不好，致使粮香、糟香、窖香、陈香味不突出。

12.白酒上头、头痛

① 白酒中的酯类、醛类物质含量过高。

② 白酒中的杂醇油含量过高。

③ 外加香料组合配比不协调。

④ 选用基酒、调味酒不好。

⑤ 卫生指标超标。

⑥ 酸、酯平衡方面不协调。

13.饮后口干

（1）原因分析

① 酒中酯类、乙醛、杂醇油含量过高。

② 酸、酯比例不协调。

③ 卫生指标超标。

④ 外加香料及酒精质量不过关。

（2）解决措施

① 酒勾兑成型后适当延长储存期。

② 降低白酒中酯类、醛类及杂醇油的含量。

③ 使用储存期长的酒头酒尾作调味酒。

④ 保证正常的发酵工艺过程。

⑤ 生产过程严格卫生管理。

⑥ 尽量选用发酵工艺生产的香精香料。

14. 入口刺喉

① 酒体酯、酸、醇、醛、酮不协调或含量高，特别是醛类物质，极微量的醛类与酒精相遇即形成辣味。像糠醛、甘油醛、乙缩醛、乙醛等都很辣。

② 未经储存的新酒一般都入口冲辣杀喉，这是因为新酒中低级醛类含量较高。

15. 饮后上脸快

① 白酒中的醛类物质含量过高。

② 白酒中的杂醇油含量过高。

③ 外加香料组合配比不协调，酸、酯平衡方面不协调，选用基酒、调味酒不好。

16. 饮酒后烧心

酯高酸低的酒一定烧心。

第九章

中国传统白酒酿造技艺
"108口诀"

　　白酒之香，在于工艺，笔者从事白酒行业三十余年，专业从事白酒生产技术与新产品研发，以多年来技术积淀和培训经验为依托，编纂了中国传统白酒酿造技艺"108口诀"，口诀涵盖了食品安全、原料的甄选、酿造、蒸馏、储存、酒体设计、勾调、行业变化与市场需求、新品开发等白酒工艺的方方面面的关键控制点，将白酒各工艺过程凝练化、通俗化，目的是有利于行业从业人员的学习和记忆，并有利于白酒技术与文化的传播与推广，同时也是对中国传统白酒一整套工艺关键控制点的总结。本文就对中国传统白酒酿造技艺"108口诀"的应用，予以解析和探讨。

第一节 "108口诀"内容

1.自传诀

中国白酒历史久，世界闻名数一流。

丰满圆润味道好，精湛工艺少不了。

本人名叫张金修，生于亳州酒乡中。

祖辈酿酒称世家，张氏风味人人夸。

自幼随父把酒蒸，三十春秋练真功。

滴水穿石意志坚，匠心永恒传人间。

一粮一窖皆有爱，一招一式总关情。

粮水交融藏玄机，辛勤汗水育匠心。

多次历练成秘诀，一条一条对你说。

2.酿造诀

酿酒重在原辅料，优质水源更重要。

进货查验别放松，索证索票好追踪。

原料甄选要精细，纯粮制曲多工艺。

温度水分把控准，粮曲配比也要稳。

不同香型来搭配，酿酒工匠有智慧。

稻壳清蒸作填充，比例合理才疏松。

泉水加浆控温度，水温低了不能用。

蒸粮润料和摊凉，温度适宜把曲放。

厌氧发酵要记牢，酸度水分按比例。

原辅材料搭配齐，入池温度要适宜。

窖池保养别放松，发酵条件要适中。

前缓中挺要保证，后温缓落才适应。

3.蒸馏诀

发酵生香很重要，蒸馏浓缩少不掉。

糟醅成熟来蒸馏，使用工具要洁净。

杂菌感染坏处多，感染杂菌难解决。

轻撒薄铺要均匀，馏酒控温要留神。

掐头去尾监管严，去掉杂味不算难。

4.储存诀

恒温储存放陶缸，二至三年出陈香。

岁月历练要珍惜，自然老熟藏玄机。

保证储藏三要素，时间容器温湿度。

天地同酿自然成，一杯陈香情更浓。

5.勾调诀

固态酿造成分多，酸酯醇醛都包括。

勾调注重修饰多，缓冲平衡和烘托。

稳定口感靠勾兑，勾兑工作实在累。

品评技能要精通，调出精品才轻松。

不同风格来搭配，微量成分定比例。

酒类知识要学全，突出风格不算难。

白酒香淡补点酯，酒头调香有道理。

白酒不绵补酸甜，酸甜过重惹人嫌。

白酒不爽补酸醛，酒头酒尾别厌烦。

白酒发闷补酸酯，酸酯平衡有道理。

白酒过甜补酸醛，去掉甜尾惹人烦。

白酒前苦补点酯，酯类协调有道理。

白酒后苦补酸甜，去掉苦尾不算难。

白酒尾怪补酸陈，头香也可提一提。

白酒前杂补点酯，高酯调味有道理。

酒水分家要谨慎，不要轻易下结论。

香型融合虽然好，酒体同质免不了。

6. 展望诀

人民生活变化快，饮酒观点已改变。

香浓变为香气淡，淡化香型新理念。

白酒标准要改革，国外经验学一学。

酒体设计要慎重，工艺流程定个性。

新品开发需谨慎，市场调研再跟进。

健康引领新潮流，个性产品销不愁。

食品安全严把关，全民健康家家欢。

❖ 第二节 "108口诀"解释与应用价值探讨

中国传统白酒酿造技艺"108口诀"分为6个部分，即为自传诀、酿造诀、蒸馏诀、储存诀、勾调诀、展望诀。每个部分分别对中国白酒生产技术的一个方面进行提炼和总结，将6个部分汇总在一起，涵盖了酿酒、蒸酒、储酒、酒体设计、勾调等白酒工艺的方方面面。

1.自传诀部分解释

自传诀部分主要对口诀的渊源予以介绍，笔者出生于老子故里（涡阳县）酿酒世家。笔者18岁继承父业，从事白酒技术的研究与应用达36年，撰写了多篇白酒技术论文，如《浅议提高浓香型白酒的丰满度》《论白酒的浓香与淡雅》《探讨绵柔浓香型白酒的生产》《怎样做到白酒浓香与淡雅的高度和谐》《新型白酒勾调的关键技术》《探讨浓香型白酒中微量成分与酒质的关系》《新型白酒勾兑技术与市场分析》《中国淡雅型白酒生产技术探讨》等，先后发表在《酿酒》《酿酒科技》等专业核心期刊或其他专业媒体上。笔者被国家发改委中国发展网等部门评选为"2016中国酿酒行业新标杆人物"和"年度创新人物"，荣获2017工匠中国年度"十大人物"等荣誉，创办了安徽省天下道源酒业有限公司和涡阳县酿酒研究所，为多家酒企提供技术服务，学员遍布全国各地。为了白酒技艺传播得更快捷、更科学，笔者多次与行业专家探讨，此口诀的成功编写和完善得益于国际酿酒大师赖高淮，国家白酒评委胡森、胡义明、张锋国、李东、杨官荣、王金亮等行业专家指点。编纂口诀是笔者多年的心愿，虽经多次提炼，难免出现不当之处，敬请前辈和同行们多多指点，诚表谢意！

2.酿造诀部分解释

酿造诀部分主要对白酒酿造工艺过程进行凝练和总结。首先，整个口诀贯穿了白酒酿造的全过程，从选粮、稻壳清蒸、蒸粮、润料到加曲、发酵。首先，指出了白酒生产最为基本的两个生产问题和要求，即食品安全和原料可追溯。其次，提出了制曲过程中的温度和水分控制的关键技术点。如制曲时各典型名酒的制曲品温贵州茅台60～65℃，泸州老窖55～60℃，五粮液58～60℃，全兴60℃，西凤58～60℃，汾酒45～48℃，古井贡47～50℃，洋河50～60℃，双沟60～63℃，董酒麦曲44℃。在酿酒过程中强调用优质水（优质泉水）来润粮，强调加浆用水（又称打量水）要高温（正常水温不低于80℃），摊凉、加曲、发酵、养窖等过程操作要点一一明确指出。最后，将正常良好的发酵历程趋势予以说明，即前缓中挺、后温缓落，让口诀使用者清晰明确整个白酒酿造过程，有利于在实践中对生产的掌握和把控。

3.蒸馏诀部分解释

蒸馏诀部分主要对传统白酒馏酒工艺过程进行凝练和总结。其中，首先提到"发酵生香很重要，蒸馏浓缩少不掉"，强调蒸馏的重要性。接着又提出了杂菌感染问题的严重性和预防举措，一定要时刻注意杂菌问题，因为杂菌感染对于发酵过程和酒质稳定影响较大并非常难以控制和解决，所以一定要保证使用工具的清洁。然后，对上甑蒸酒的操作要点以及分段摘酒的操作要点进行总结，在上甑的操作过程中，要严格把握"轻、薄、匀"三个关键点，并在摘酒的过程中，要时刻注意温度控制，达到掐头去尾、分段摘酒的目的。因传统酿造白酒的固态蒸馏，不仅是提取发酵产品的有效手段，更是一个精制浓缩的过程，也是一个杀菌净化及排除杂质的过程。概括地讲，蒸馏就是提浓酒度，除杂提香。固态蒸馏的掐头（去掉

1kg左右)、去尾（凭经验以看酒花大小为准），实际上也是一个去除在发酵过程中可能产生的有害杂质的过程。断花摘酒是取其精华，提取发酵主产物乙醇及其主体香味成分的过程。浓香、清香白酒的馏酒温度一般控制在20～30℃，酱香、芝麻香白酒一般控制在35℃左右。控制馏酒温度，不仅是为了得到酒中醇、酯、酸等目标产物，更是为了去粗取精，挥发自然发酵过程中产生的低沸点醛类杂质，净化酒质。因此，传统白酒的蒸馏过程，不仅是发酵目标产物的提取过程，也是对发酵产品的精制过程。

4.储存诀部分解释

储存诀部分主要对白酒储酒工艺过程进行凝练和总结。明确提出了储存的三要素，即时间、容器和温湿度，只有储存才能产生陈香。在储存过程中，对于恒温恒湿的把握要准确，最好在陶缸中进行储存，因为陶缸本身的结构和组分，有利于酒体的成熟和微量平衡关系的形成。与此同时，在时间方面，不同香型和工艺的白酒在陈香显现方面的时间也不同，大约会在二至三年予以呈现。

储存白酒的基本条件是恒温恒湿、通风、避光，无太阳直射。具体细节如下。

（1）散装酒 建议用陶坛密封存储。

（2）瓶装酒 原装保存，可用生胶带封瓶口，做防挥发处理。

（3）南北方差异 南方，注意防潮，酒摆放要远离墙面和地面，用塑料板区隔。北方，远离暖气片，避免温度过高，同时远离窗户，避免内外温差过大影响酒质。

（4）保持恒温恒湿 选择仓库保存可安装空调，温度25℃左右，相对湿度控制在 70% 为宜。

（5）静置　固定存放位置，切勿经常挪动和移动。

5.勾调诀部分解释

勾调诀部分主要对白酒勾调工艺过程进行凝练和总结。首先，指出了酒体中主要的呈香呈味物质酸、酯、醇、醛。酒体设计的主要作用，就是通过呈香、呈味物质的平衡和烘托，对酒体进行修饰而达到完善酒体的目的。然后，口诀中非常详尽地对白酒勾调过程中出现的香淡、不绵、不爽、燥辣、发闷、过甜、前苦、后苦、尾怪、前杂、香型融合等各种问题予以说明，并给出解决方案。与此同时，还给出相应的控制程度，比如，白酒不绵补酸甜，酸甜过重惹人嫌。香型融合是中国传统白酒创新主要方法之一，但是口诀提出同质化口感问题，如香型融合虽然好，酒体同质免不了。提醒行业专家创新的同时，一定要避免同质化现象。口诀中提到"固态酿造成分多，酸酯醇醛都包括"，强调以酒调酒，并非是添加化学合成的香精香料，而是添加相应成分高的纯粮酒。

6.展望诀部分解释

展望诀部分主要对白酒行业一些变化趋势予以凝练，并对白酒行业从业人员提出建议和要求。口诀中提到消费者饮酒观念的转变，从"香浓变为香气淡"，并且淡化香型成为新的理念，延伸到白酒标准只有改革，才能适应国际化发展走出国门。在新品开发层面，强调了调研及健康的重要性，并提出健康化和个性化的产品才是当今社会广大消费者追求的产品。

7."108口诀"应用价值探讨

① 总结了白酒技术精华，提炼了白酒生产要点，有利于中国白酒技术理念化推广和传承。

中国白酒有 12 大香型，工艺复杂多变，不同地域的白酒又有不同的技术特点，在世界范围来看，中国白酒的工艺技术是独一无二的，复杂性也是前所未有的。在民族文化角度来看，中国白酒技术作为如此珍贵的民族智慧，其中蕴含着海量的科学信息和白酒匠人口口相传的技艺要点。所以，无论对于民族文化还是科学技术，都需要有这样一个"口诀"，将中国白酒技术更加具象化、通俗化、凝练化，对中国白酒技术具有推动意义。

② 形式朗朗上口，见解独到实用，有利于从业人员快速了解和记忆白酒技术脉络。

中国白酒技术具有复杂性，并且很多关键技术点仍然无法量化和数据化，大多为言传身教、口口相传的技术传承路线。对于新进的白酒技术人员，或者不同地域、不同文化、不同香型品类的白酒技术人员，想快速了解白酒技术的关键点较为困难，本口诀正解决了这一问题。口诀用通俗、简单、凝练的形式将白酒的酿造、储存、勾调、酒体设计以及行业市场变化、新品开发等方方面面的精华部分予以总结，有利于从业人员的记忆以及对于技术的学习与理解。

③ 丰富白酒文化，扩充民俗文化，有利于中国白酒文化的推广与践行。从中国历史的传承来看，中国酒历史、中国酒文化，就是一部浓缩的中国历史和文化。中国酒文化对于中国文学、中国礼仪、

中国哲学、中国精神具有极大的推进作用，而中国白酒技术作为底层建筑构造了中国酒文化，同时，中国白酒技术本身也成为中国文化的一部分。此口诀尚属国内首创，丰富了白酒文化，也扩充了民俗文化，对于中国白酒文化的推广和践行具有较高的价值与意义。

附录　酒精体积分数、质量分数、密度（20℃）对照表

体积分数 /%	质量分数 /%	密度 /（g/mL）	体积分数 /%	质量分数 /%	密度 /（g/mL）	体积分数 /%	质量分数 /%	密度 /（g/mL）
0	0.00	0.99823	34	28.04	0.95704	68	60.27	0.89044
1	0.79	0.99675	35	28.91	0.95536	69	61.33	0.88799
2	1.59	0.99529	36	29.78	0.95419	70	62.31	0.88551
3	2.38	0.99385	37	30.65	0.95271	71	63.46	0.88302
4	3.18	0.99244	38	31.53	0.95119	72	64.54	0.88051
5	3.98	0.99106	39	32.41	0.94964	73	65.63	0.87796
6	4.78	0.98973	40	33.30	0.94806	74	66.72	0.87538
7	5.59	0.98845	41	34.19	0.94644	75	67.83	0.87277
8	6.40	0.98719	42	34.99	0.94479	76	68.94	0.87015
9	7.20	0.98596	43	35.99	0.94308	77	70.06	0.86740
10	8.01	0.98476	44	36.89	0.94134	78	71.19	0.86480
11	8.83	0.98356	45	37.80	0.93956	79	72.33	0.86207
12	9.64	0.98239	46	38.72	0.93775	80	73.48	0.85932
13	10.46	0.98123	47	39.69	0.93591	81	74.64	0.85652
14	11.27	0.98009	48	40.56	0.93404	82	75.81	0.85369
15	12.09	0.97897	49	41.49	0.93213	83	77.00	0.85082
16	12.91	0.97780	50	42.43	0.93019	84	78.19	0.84791
17	13.74	0.97678	51	43.37	0.92822	85	79.40	0.84495
18	14.56	0.98570	52	44.31	0.92621	86	80.62	0.84193
19	15.39	0.97465	53	45.26	0.92418	87	81.86	0.83888
20	16.21	0.97360	54	46.22	0.92212	88	83.11	0.83574
21	17.04	0.97253	55	47.18	0.92003	89	84.38	0.83254
22	17.88	0.97145	56	48.15	0.91790	90	85.66	0.82926
23	18.71	0.97036	57	49.13	0.91576	91	86.97	0.82590
24	19.54	0.96925	58	50.11	0.91358	92	88.29	0.82247
25	20.38	0.96812	59	51.10	0.91138	93	89.63	0.81893
26	21.22	0.96698	60	52.09	0.90916	94	91.09	0.81526
27	22.06	0.96583	61	53.09	0.90691	95	92.41	0.81144
28	22.91	0.96466	62	54.09	0.90462	96	93.84	0.80748
29	23.76	0.96340	63	55.11	0.90231	97	95.30	0.80334
30	24.61	0.96224	64	56.13	0.89999	98	96.81	0.79900
31	25.46	0.96100	65	57.15	0.89764	99	98.38	0.79931
32	26.32	0.95972	66	58.19	0.89526	100	100.0	0.78927
33	27.18	0.95839	67	59.23	0.89286			

参考文献

[1] 中华人民共和国国家质量监督检验检疫总局，中国国家标准化管理委员会 . GB/T 15109—2008 白酒工业术语 [M]. 北京：中国标准出版社，2009.

[2] 沈怡方 . 白酒生产技术全书 [M]. 北京：中国轻工业出版社，1998.

[3] 宋书玉 . 白酒产业处于成长过程中的调整期 [J]. 中国酒，2013, (07): 34-35.

[4] 徐岩，范文来，王海燕，等 . 风味分析定向中国白酒技术研究的进展 [J]. 酿酒科技，2010, (11): 73-78.

[5] 曾祖训 . 试论白酒香味成分与质量风格的关系 [J]. 酿酒，2002, 29(01): 8-10.

[6] 徐占成 . 酒体风味设计学 [M]. 北京：新华出版社，2003.

[7] 张金修 . 影响白酒典型风格的各种因素分析 [J]. 酿酒，2015, 42(06): 18-20

[8] 李大和 . 白酒勾兑技术问答 [M]. 第 2 版 . 北京：中国轻工业出版社，2006.

[9] 赖高淮 . 新型白酒勾调技术与生产工艺 [M]. 北京：中国轻工业出版社，2003.

[10] 王瑞明 . 白酒勾兑技术 [M]. 第 2 版 . 北京：化学工业出版社，2015.

[11] 周恒刚，徐占成 . 白酒品评与勾兑 [M]. 北京：中国轻工业出版社，2004.

[12] 贾智勇 . 中国白酒勾兑宝典 [M]. 北京：化学工业出版社，2017.

[13] 张金修 . 新型白酒勾兑技术与市场分析 [J]. 酿酒科技，2014, (04): 126-127.

[14] 戚元民 . 对芝麻香型白酒生产的认识 [J]. 酿酒科技，2009, (08): 140-142.

[15] 辜义洪 . 白酒勾兑与品评技术 [M]. 北京：中国轻工出版社，2015.

[16] 张金修 . 中国传统白酒酿造技艺 "108 口诀" 的解析与应用价值探究 [J]. 酿酒，2019, 46(01): 13-16.

[17] 信春晖，赵纪文，邵先军，等 . 传统酿造白酒健康原理解析 [J]. 酿酒，2018, 45(05): 21-25.

[18] 张金修等 . 白酒中微量成分对人体的作用 [J]. 酿酒科技，2014, (10): 193.